U0047624

從後段班到
珠寶達人的
逆轉人生

鑑定專家黎龍興淬鍊36年的
珠寶成功經營學

黎龍興 著
柯勝文——採訪整理

目錄

PART 2

從入行到專精的六堂課

PART 3

從珠寶看人生百態的八堂課

PART 4

學習買貨的六堂課

PART 5

珠寶，讓我的人生發光

爸爸給我的啟發，除了賺錢的概念，還有儘量口不出惡言，凡事留餘地。雖然從小我的成績不是很理想，但爸爸對於我的讀書、工作選擇，總是很支持。

↑我父親黎木東在台中衛道中學任教 42 年才退休。

↑我的父親對養狗非常有心得。

↑初創立的統一珠寶行，大舅媽時年 53 歲，珠寶行外觀就是一般的觀光藝品店。圖為大舅舅、大舅媽，大表哥劉銘智老師及其夫人。

↑改裝後的統一珠寶行與大表哥劉銘智老師。

我的第一份工作就是在大舅媽的統一珠寶行。從鑑定珠寶、待客之道，到經營珠寶店，大舅媽毫無保留地教導我，可說是我人生的第一個指導教授。

在文化大學地質系三年級時，遇到了我人生非常重要的恩師吳照明老師。不管是上課還是產地實習，老師一律知無不言，言無不盡，給了我最佳典範。

↑吳照明老師是我永遠的恩師。

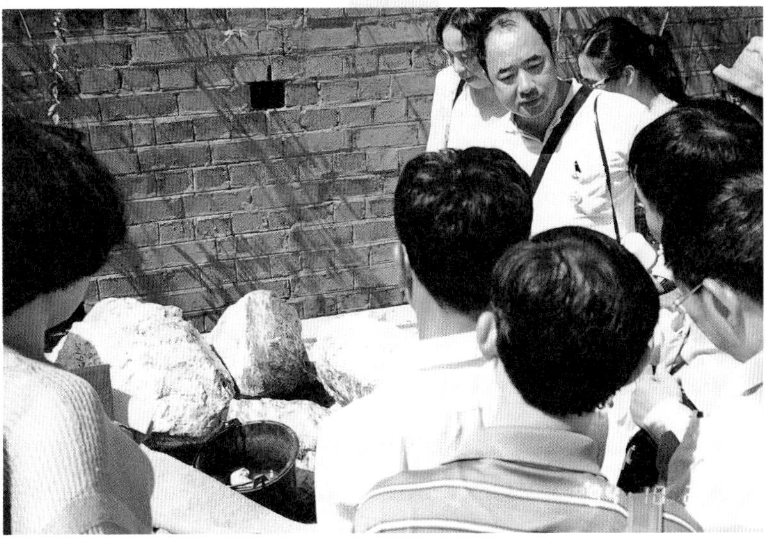
↑跟隨年輕的吳照明老師到緬甸參訪玉石公盤拍賣。

經營珠寶店，進貨是無比重要的一環，進貨成本壓低，利潤相對就提高。那麼到產地買最便宜？那可不一定。買賣有時要講究緣分，信用更重要，這樣做生意才會長久。

↑在緬甸曼德勒街口陽光下看翡翠蛋面。

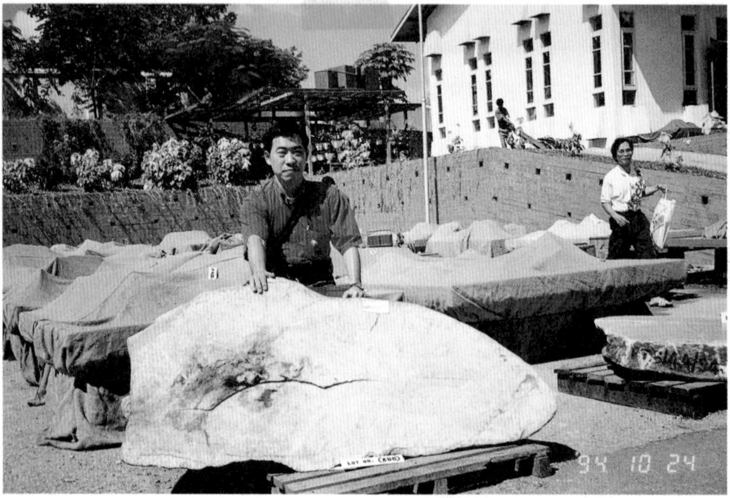

↑在緬甸實地考察翡翠原石價格。

↑在緬甸仰光莫谷街路邊還價寶石。

↑緬甸仰光莫谷街路邊許多寶石攤販，只有 20%是天然寶石。

↑泰國曼谷珠寶展有許多印度琢磨場的第一手好貨。

↑泰國曼谷珠寶展的裸石攤位很多，價格不高。

我常常講，全世界最便宜的寶石在哪裡？就在你的知識上頭。你有知識，哪裡買都便宜，你沒有知識，在哪裡買都貴。然後也要懂得替珠寶分類，這樣做生意才會進退有序，才會賺錢。

↑中國廣州長壽路玉市也有很多賣寶石原礦的攤位。

↑中國廣州路邊擺放假的翡翠原石開窗。

在職訓中心、台中國際珠寶鑑定學院教課多年，透過上課，跟更多人分享珠寶專業，一方面是回饋與分享，另一方面也教學相長，我真的樂此不疲。

↑擔任第七屆台灣省寶石協會理事長，帶領會員及家屬到花蓮壽豐鄉台灣玉理想礦場採玉石實習活動。

↑擔任第六屆台灣省寶石協會理事長，舉辦年終拍賣忘年晚會。右側為創會會長崔維禮老師，左側為寶石學家曾健民、前中華民國寶石協會理事長詹有明。

↑第一次在國際珠寶鑑定學院上課的畢業照。

↑我的教學方向，就是上中下游都要教，從產地、管理、批發到面對消費者或店家。

寶石有美的價值，甚至還有文化傳統的面向，可以怡情養性，可以讓心靈得到撫慰與寄託。你除了擁有它，更應該欣賞它，這才是比較健康的心態。

老坑冰種葫蘆翡翠代表福氣

無加熱處理的皇家藍錫蘭藍寶石追求者眾

澳洲黑蛋白石墜子

藍色的帕拉伊碧璽有著獨有的顏色

有八心八箭車工的鑽石是現代的潮流

收集許多小黃彩鑽可以組成一件大黃彩鑽套鍊

無加熱處理的錫蘭黃寶石顏色鮮豔

↑從一個沒有自信心的小孩，藉由第一線販售珠寶，練就好口才、好經歷，這是我人生一個很大的註腳。我相信，每個人都有每個人的舞台，但是你一定要相信自己，不要怨天尤人，要對自己負責。

推薦序

從人生故事中，學珠寶經營管理

逢甲大學商學院院長 黃焜煌

珠寶業，對一般人而言是既熟悉的名詞又是陌生的產業。我有很多學生後來也從事類似相關的行業，他們從商學與管理學習得了很多概念，而後在各個領域發揚光大。近年來，家喻戶曉，大家耳熟能詳的珠寶老師黎龍興先生是我在逢甲大學經營管理學院所指導的碩士生。與他兩年互動中，使我體會教學相長的眞諦與樂趣。他的論文題目是《珠寶事業經營之成功進入門檻自我評估研究》，將管理導入產業，與實務結合，這是非常成功的例子；也是想進入珠寶事業者檢視自己的進入門檻。

在珠寶這個專業領域中，有很多的專家，許多人被稱爲「寶石鑑定學家」。我的另一個得意門生——朱倖誼老師，人稱「珠寶專家」。在我看來，龍興最貼切的頭銜應該是「珠寶經營學家」。自他從逢甲大學經營管理學院畢業後這幾年，我們仍持續聚會，相互討論。常常聽到他在公司的經營上不斷應用以前所學得知識，也毫不保留的和大家分享珠寶業各個面向的辛勞與快樂，大家常常鼓勵其將心得成果整理成冊出書，以饗大衆後學。

終於，龍興願意在百忙中，擠出時間，把他從事珠寶業三十六年來的經驗與年輕時所受的訓練，寫成了這本珠寶業勵志的書，這本書內容大量的印證了管理學上經營策略的概念，若將其應用在別的行業也應有異曲同工之妙。

龍興這本書的定位，也是應用策略的觀念，差異化於其他的書。將其從事珠寶業的酸甜苦辣，用流暢的文筆，以故事性的方式娓娓道來，讓讀者能非常享受在閱讀當中；然後再輔以管理的意涵，讓許多艱澀的管理觀念，能被輕鬆的了解。所以，讀一本書，可以解三種饞：珠寶業、管理學與小說，實在一舉數得。

推薦序

勇於逆轉人生的珠寶鑑定專家

逢甲大學歷史與文物研究所所長 李建緯

認識黎龍興，是他就讀逢甲大學歷史與文物研究所。在他進入本所進修前已是國內知名珠寶鑑定專家，也經常見其在媒體上提供專業意見的身影。黎龍興不僅教導一般民衆鑑別珠寶眞僞的基本常識，提供其市場行情參考價，是台灣近年來珠寶投資熱的推手之一，其實他更懂得投資自身，透過不斷學習，來充實茁壯自我。

在逢甲歷文所修課期間，黎兄並未恃才而驕，各個課程皆積極投入，勤作筆記，充分展現了本書書名「逆轉人生」之精神，也讓所上師生深深體會，黎龍興在珠寶界能做出成績，正來自於他勇於嘗試、不怕失敗且積極進取。

本書與坊間一般珠寶鑑定書籍不同。這不是一本教導你我如何鑑定珠寶的教科書，而是一本以第一人稱視角，透過自傳的敘述手法，提供了企圖從事珠寶或相關行業的廣大讀者，他具體而微的體認、教訓與教戰守則；值得一提的是，本書同時披露了過去珠寶界不對外公開的潛規則，並分析了投資珠寶的消費者心態。此外，本書對於非從事珠寶業界的讀者來說，也具有其經營上的參考價值。

各界推薦

（按姓氏筆畫序排列）

經營學習的葵花寶典

與黎龍興老師相處二十多年，他是我的入門老師，更是DGA的同學，我們常在海外併肩作戰採購寶石，沒有疑問，他就是位具有高度專業的寶石學家。他常掛在嘴邊的座右銘：「我的興趣就是賺錢」，這也造就他成爲珠寶達人，更是傑出的經營者。

本書以自傳方式分類闡述、與衆不同，黎龍興老師勤奮豁達、態度正確、目標清晰，才有今日回頭一路精彩的故事，且勇於分享。此書絕對是珠寶業，更是各行各業行銷和經營的收藏寶典，應不爲過，也預祝本書暢銷熱賣。

台灣省寶石協會榮譽理事長／王鎮安

這不是勵志書，而是一部珠寶產業近代史

表面上看來這本書好像是黎龍興老師珠寶創業的勵志書，仔細研讀後發現，這本書可以說是台灣近代珠寶發展的縮影。小時候外婆家是開銀樓的，從小到大看過不少台灣銀樓業興衰起落與利弊得失，看這本書讓我重溫小時候傳統銀樓業一路蛻變的過程之外，更從其中了解到黎龍興老師在珠寶領域一路走來屢戰皆捷的秘訣。成功人士並不是贏在起跑點而是擁有成功的思維，閱讀本書讓你有機會學習到珠寶產業出奇制勝的成功秘訣。

台灣GIA校友會榮譽會長／朱倖誼

黎龍興老師是台灣珠寶界最樸實、做生意最親切的人，也可以說是「珠寶界的劉伯溫」這號人物！他是翡翠教學的實務派，可以用最簡單的方法，讓大家了解珠寶爲什麼珍貴、怎麼樣選到貨實價實的典藏品，以及如何用行家的語言，在珠寶匯集地挑選最好的東西。不管是私人收藏，或是想要在珠寶界中做生意，都不能以耳

代眼，要學會最基礎的概念……，聽他的教誨總沒錯。

名作家／吳淡如

本書介紹黎老師自己成長學習的歷程，就是不停進修、充實自我，成爲與人溝通的素材，過程中遇見的良師不斷指引他正確的方向，讓他減少走冤枉路的時間，比其他人更容易成功。書中分成五大部分：

1.珠寶歷程之初，黎老師就打下穩固的知識與概念的基礎，有效幫助他未來的珠寶事業。

2.從入行到專精，整個學習的過程皆走正道，並且選擇了好的夥伴，就已經成功了一半。

3.從買珠寶的動機和行爲，驗證人生百態，引以爲戒，敦促自己行事低調並不斷努力。

4.買賣珠寶要以雙贏的態度爲前提，才能長長久久。

5. 台灣未來的珠寶市場，需要人人互相交流、相互提攜才能夠有長足的進步。這是一本好書，黎老師藉著自身經歷寫出珠寶百態，鼓勵年輕人走出自己的一條路，讓台灣珠寶業能揚名海外。這也是我的希望，我慎重推薦這本書給大家。

吳照明寶石教學鑑定中心負責人／吳照明

這是一本指引進入珠寶領域的範本，也是一本非常具有勵志啟發意義的書籍。黎龍興老師是一位優秀的寶石學者，有著深厚的地質礦物及寶石學術的底子。也是一位非常成功的珠寶生意經營者，有著豐富的市場實務經驗。同時又因曾任二屆「台灣省寶石協會」理事長，培養了他對國內珠寶產業的使命感，殊爲難得！因此，這本書不論是對珠寶業者、消費者，或是有意要進入這個領域的人士而言，都很值得閱讀。

台灣省寶石協會理事長／崔維禮

正面積極，你的珠寶才會發光發熱

讀完龍興兄的這本新書令我深刻體會到，在台灣要成爲一位頂尖的成功珠寶商，畢竟要有其過人之處。創業容易經營難，台灣每年投入珠寶事業者有如過江之鯽，但能成功的又有多少？

一個成功的珠寶經營者，堅守自我與誠信是必備的。龍興兄也是我的良師益友，他始終對珠寶行業充滿正面思考，滿懷著珠寶人的那一份熱忱與興致，不吝的傳授產地實戰的經驗；於後輩不需要講太多的學術理論，而採用許多自身的經驗闡述。本書內容集他的成長過程以及涉入珠寶業後對人生的一些哲學以及經營之道，在輔以作者多年的經營案例，架構完整且概念清晰，深入淺出，非常適合珠寶同業以及讀者的閱讀，在此推薦給大家。

台灣省寶石協會第十屆理事長／迪雅珠寶　趙崇孝

自序

鑑定珠寶，也是鑑定人生

進入珠寶工作至今已經第三十六個年頭了，從第一天在台中統一珠寶行上班，大舅媽（我的老闆，也是工作上的指導前輩）即告訴我許多這個行業的基本倫理規則，那時候的我年輕氣盛，總認爲一切都非常簡單，只不過是將時間賣給老闆，順著老闆的要求及指示即可，尤其當時即將入伍服役，並沒有將心思全部放在這裡。

直到有一天，有兩個外籍人士在店裡謊稱買珠寶，然後猶如變戲法般地將兩包三十分的鑽石（共計九十九顆）全數偷走，而我們卻不自知。雖然接待者是大舅媽，我沒有在場親眼目睹，但我感同身受的震驚與難過，原來珠寶業不是大家想像的那麼單純，這是一個充滿危險的行業。

珠寶商雖是社會上大家稱羨的職業，但是想要相當程度的「安居樂業」，實在需要很多方方面面的小心。多年以後，這個重量級的拳頭也在我身上又重擊了一次，依然印記深刻。

說起來，走上珠寶這一行算是意外，但一做就是三十多年，我從珠寶批發做到鑑定，從自己念地質系到現在在職訓中心教學，我深刻感受到，現今的許多業者閉門造車，自以為是，真的很可惜，因此我的EMBA碩士論文是在提醒大家如何彌補自己在珠寶事業上的種種缺失，也就是建議大家在從事本業之餘，隨時反思自己，見賢思齊。而這本書的原始寫作念頭，更是想將這幾十年的經驗與大家分享，盼望，也但願大家在珠寶的道路上少走一些冤枉路。

這麼多年來，不斷學習的念頭在我心中從不曾少過，我很幸運有很多的人生與事業導師，他們可能是不經意的一句話，卻讓我受用不盡，常常奉行，並在上課時傳授給學生。透過不曾間斷知識的交流與教學相長，我才能有這麼多的內容可以與大家分享。其中像是：

- 大舅媽：沒有永遠的照護者，唯有自強自修才能不用事事煩勞別人（因此，我去考了英國寶石協會院士鑑定師FGA、DGA）。
- 大表哥劉銘智老師：就算是美國這麼令人嚮往的強國，也不代表它會永遠強大（果然現在的中國各方面都崛起了）。
- 台灣省寶石協會創會會長崔維禮老師：只有站在高處，才能知道這裡的空氣雖較稀薄，但是陽光普照，令你凡事多角度思考（因此我接受寶石協會兩任理事長的歷練）。
- 逢甲大學高承恕董事長：站在風頭上，連豬都能飛（原來景氣不是永遠都會那麼好）。
- 寶石學家吳照明老師：珠寶鑑定的儀器只是輔具，最後一道關卡永遠是人（鞭策我不斷精進鑑定技術與能力）。
- 寶石學家吳舜田老師：有了地質相關知識的深耕，將來從事珠寶知識的傳授可以更得心應手，侃侃而談（這二十年來的教學經歷果真如此）。

●逢甲大學商學院院長黃焜煌老師：任何事業都是可行的，但是只要人不對，那什麼都不對了（也因此有了賴俊名老師領導的鑑定團隊與我一起奮鬥）。

●名作家吳淡如小姐：我儘量只看品質好的珠寶（果然是好的珠寶自己會賣自己）。

還有更多的好朋友與老師隨時跟我聊天切磋，讓我在這個事業上站穩腳跟，其中，更要感謝我的父母與太太，他們安穩的後援力量，無時無刻不在提醒告誡指導著我，這個成果是他們架構的，我只是在前方作戰的執行兵士。

這本書的內容，基於負責的態度，全部用具名稱呼，或許有些朋友看到會稍有不快，但是要再次聲明，我絕對沒有惡意，只是不忘寫稿的初衷，就是希望讓將來想要從事珠寶事業的朋友或學生，能夠將我的成功得意之作舉一反三，將我失敗不甚小心的地方，提供給你們做爲借鏡。僅此。

PART 1

命定的
珠寶之路

1. 生意囝仔，從小就有金錢觀念

我爸爸其實是在不知不覺中引導了我，讓我從小就多多少少了解到「做生意是一門學問」；「人對錢要有概念」這個想法，就像一顆種子，從小就播種在我的腦海裡。

我會走上珠寶這一條路，或許與我父親在無形間對我的啟發也不無關係。

我爸爸台中一中畢業後，本來保送海洋大學的前身海洋學院，但他不想跑船，就去讀成大電機系。大一時，我祖母過世，爸爸很悲傷，剛好東海大學創校，招收第一屆學生，我爸心想，乾脆回台中讀大學好了，於是改讀東海化工系。

大學畢業後，他擔任台中市私立衛道中學老師，授課之餘，還養動物來貼補家用，養最久的就是狗。

那個時候，母博美犬一隻要價兩萬五千元，一個月伙食費五百元，一年六千元，加上每隔半年帶去配種一次，每次配種三千元。飼養母博美犬第一年的成本一共三萬七千元。

假設這隻母博美犬每次生兩隻小狗，平均來講一公一母，小公博美賣八千元，小母博美賣一萬五千元，光是第一年就能回收四萬六千元，淨賺九千元。從第二年起，養狗的成本就只有伙食費再加上配種費，一共一萬二千元，又持續回收四萬六千元，每一年就可以淨賺三萬四千元。

一隻母博美犬可以連續生育十年，算一算，能賺不少錢。

記得當時，我們家最高紀錄是養了二十九隻狗。那時台灣寵物市場才剛剛興起，每次小狗一出生，只要在報紙廣告欄刊登小小一塊，通常不到一星期，小狗就能全部賣掉，所以養狗算是報酬相當不錯的副業。長大以後，我有時也會跟別人開玩笑說：「我是狗養大的。」雖然現在很多單位在推廣不要買賣寵物，也認爲繁衍過程不太符合人道思維，但是在三、四十年前，這的確是一門很好的副業。

・・・

除了養狗，我們家還養熱帶魚。在水族館買熱帶魚（紅豬、黑豬這種地圖魚之類的），小小一隻十塊錢，養到三倍大時，一隻可以賣五十元。要餵他們吃什麼呢？只要餵蝦子。

當時我們家住在中興大學附近，中興大學椰林大道旁的水溝裡就有很多蝦子。蝦子有磷元素，熱帶魚吃了之後，顏色會變得很紅。我念國小、國中時，常常星期六下午沒課就去抓蝦子，那個時候還沒什麼汙染，拿網子往水溝裡隨便一撈，就是一大把活跳跳的蝦子。

除了用水族箱養魚，我爸還特地在家中院子挖了一個魚池來養魚。爲什麼要這麼麻煩？我爸自有一套養魚哲學。

他說，水族箱裡的魚因爲活動空間有限，長得比較慢，養在魚池裡，魚才長得快，這是生物的本性。但是把魚養在池子裡有一個缺點，就是萬一寒流來的時候會凍死，因為是熱帶魚！

印象中，以前的冬天常常很冷（或許當時氣候暖化還沒那麼嚴重），所以每次寒流一來，我們全家都很緊張，趕緊用帆布把魚池蓋起來，還要往池子裡面倒熱水，熱水還不能倒太快，以免把魚燙熟了。否則，就要趕快把魚撈起來，放到水族箱裡保溫。

更早以前，我爸爸還養過鱉，既不是養來吃，也不是養好玩的，同樣是養來賣的。我阿公是賣豬肉的販子，那時家裡也養豬，我爸就利用豬舍的一些空間來養鱉。

我爸還養鳥，養金絲雀、文鳥、鸚鵡……，養得小鳥滿屋，書房地板上常常到處都是養鳥用的小米屑屑，踩得我滿腳都是，因此那個時候我很討厭家裡養鳥，覺得很髒。

所以，無論天上飛的，水裡游的，地上跑的，我爸爸幾乎都養過了。

・・・

長大後回想，我爸爸其實是在不知不覺中引導了我，讓我從小就多多少少了解到「做生意是一門學問」：要花多少錢買、透過什麼樣的過程、中間要付出什麼樣的努力、最後再用多少錢賣出去、會獲得多少報酬等。

「人對錢要有概念」這個想法，就像一顆種子，從小就播種在我的腦海裡，這一點讓我很受用，我很感謝我爸爸。

我的女兒出生後，由我的爸媽幫忙帶，我爸怕影響小孩才不再養狗。後來他自己坦白，說不養狗還有另外一個原因。原來有一次他幫狗打針，本來要打在皮下組織，結果針頭竟然直接戳過狗的兩層皮膚，藥劑直接噴到牆壁上。他大嘆「廉頗老花矣」，狗就別再養了吧！

我爸給我的啟發，除了賺錢的概念，還有儘量口不出惡言，凡事儘量留餘地。他是不發脾氣的人，一切都用商量的。我們那個年代的爸爸通常都屬於威嚴型，但他不會，也從來不打小孩，因此我和爸爸還滿親近的，也不太怕他。很多人，包括我的許多同學，平常都不敢向爸爸要錢，但我就敢，要個五元、十元去買玩具、吃零食，爸爸都會答應。

其實，從小我的成績一直不是很理想，但在記憶中，我從來不會因爲這方面而受到爸爸的責難。爸爸只希望小孩快樂成長就好。他教的許多衛道中學的學生，加上我的很多同學，其中有很多人之後都當了醫生，但他從來不會用同樣的標準來要求我們。爸爸對於我的讀書、工作職業選擇，總是很支持。

2. 做生意要三本：本人、本錢、本行

做生意要三本，本人、本錢、本行，缺一不可，不懂的東西看到就想做，非賠錢不可。而且如果你在本業都賺不到錢了，做其它領域還會有搞頭嗎？我才不相信呢！

我的第一份正職工作就是在珠寶業。這要從進我大舅舅、大舅媽開的珠寶銀樓開始講起。

我媽媽那邊是個很大的家族，我外公做的是油漆批發生意，住在台中市舊市區繁華的中山路上。中山路在日本時代種植很多櫻花，號稱櫻花街，算是台中發展最早的地方。小時候，每當光復節、國慶日遊行時，我就會跑到舅舅家，從二樓往下看鼓號樂隊表演之類的，那種熱鬧的感覺，至今仍記憶猶新。

大舅舅告訴我，他是東京大學畢業生，還當過警察學校的教官，但他後來「棄官潛逃」了。原來，他當時接任台北市桂林派出所所長，派出所靠近華西街夜市，結果一就任，就有很多角頭送紅帖子要請他吃飯。他想說，夭壽喔，我一個月薪水才多少錢，一下子收到這麼多帖子，包紅包都不夠用。他被嚇到，於是辭職不幹。他並不知道那些帖子是道上兄弟要請他吃飯，要送紅包給他的，而且他在日本所受的教育，也沒有學過收紅包這回事。

他後來才知道，自己辭職簡直被大家笑翻了，都說接任的人一定樂歪了，因爲這是一個「大肥缺」。接著，他就回台中，跟外公學做油漆生意。

大舅舅家旁邊有一間古董店，名叫古月軒。有一次，店裡老闆拿了一串珍珠項鍊給我大舅媽，說這個可以拿去賣看看。我大舅媽出身彰化北斗，她趁著回娘家時把這串珍珠項鍊賣給親友，輕輕鬆鬆就賺取差價。

「做珠寶可以賺錢！」這個念頭開始在她心中萌芽。

大舅媽是一個很聰明的人，讀到彰化高女。在那個年代，女生能讀到中學很少有，這應該歸功於大舅媽的父親。大舅媽的父親是自習成為代書，思想非常開明，也非常重視子女的教育。他的想法是打仗的時候不會殺醫生，就把兒子送去日本學醫，小兒子也讀台大，三個女兒都讀到彰化高女。以前重男輕女的年代，傳統人家的兒子得田產，女兒得嫁妝。那時台灣的局勢有些不明，大舅媽曾經跟我說過，萬一局勢不好，她準備拿個包袱捲一捲，珠寶可以隨身帶著走。

大舅媽嫁過來的時候，我媽才四歲，我媽等於是我舅媽養大的，我幾乎就等於是她的第三代了。我媽媽也常講，她小時候常常吃咖哩飯、甜甜圈，都是大舅媽做的；我後來喜歡廚藝，也從我媽媽那邊學了很多，但我媽媽的廚藝，一大半也是來自我大舅媽的傳授。

大舅媽的個性很開朗，她很自豪地跟我說，她做珠寶事業時，一開始根本找不到人問，所以就自己找日文書看。光看書就可以開珠寶店，真是令人佩服。所以要做事業，有時天賦還是很重要。

大舅媽曾說過，她最大的嗜好就是賺錢，她對賺錢很有興趣與心得。老實說，這是一種天性，也是一種技能，不容易後天培養。後來我在職訓中心教課時，常有同學跟我說：「我要做珠寶事業，想跟黎老師學，因爲我最喜歡賺錢了。」每次聽到這話，我都先潑冷水說，同學不要騙人了，喜歡賺錢不是用嘴巴講講而已。喜歡賺錢是喜歡賺錢過程中所產生的那種樂趣，而不是視錢如命，當個守財奴。這是兩回事。

・・・

大舅媽開珠寶店的契機是這麼來的。

他們家原來有間房子租給人家開店，叫做「統一西服行」，後來對方不再續租，因爲有了先前賣珠寶可以賺錢的念頭，大舅媽心想，那就乾脆自己來開珠寶行吧，而且連名字都沿用，叫做「統一銀樓珠寶行」。後來我在大舅媽的珠寶行當經理時，有次到大陸出差，對方看了我的名片還好奇問說：「你們可以取這種敏感的名字喔？」我笑笑回答說：「統一麵、統一飯店、統一證券……都有人在取，連買東西都有統一發票，哪會有什麼問題？」

珠寶是高單價的貨品，開珠寶店要有相當雄厚的資金，是有錢人才能玩得起的生意。不過現在做生意的環境改變了，將本求利講的是周轉率，假設賣珠寶利潤抓一〇％，你如果只抓三％、五％，一年周轉個五、六次，利潤就會勝過一〇％很多。

關於周轉率的故事，大舅媽跟我講過一個故事，堪稱模範案例。

開珠寶行的時候，我舅媽已經五十多歲，因爲已有足夠的人生歷練，她判斷顧客的來頭總是非常精準。像是男人帶女人來買珠寶，誰是正宮太太、誰是情婦小三，誰又是露水姻緣的歡場女子，她都百猜百中，而且對這些不同類型的顧客，她都有不同的應對之道。

有一天，一位小姐到店裡看珠寶，挑來挑去，看中一枚十萬元的戒指，她向我大舅媽說晚上再來買，到時候會有人付錢。我大舅媽立馬判斷出她是一名歡場女子，當下施展了超強的推銷術。

大舅媽向那位小姐建議，說其實她可以不用挑那麼貴的戒指，如果是價格五萬元左右的，妳的朋友（潛台詞叫恩客）也會比較大方地掏錢出來買，而且戴起來也一樣很好看。妳如果喜歡，就留下來戴，如果不喜歡，就拿回來店裡，我們保證用三萬五千元回購。下一次，妳再帶另外的朋友來買同一枚戒指，我們一樣賣妳五萬元，妳一樣可以再用三萬五千元賣回來（以此類推……）。只要戒指沒有損壞，妳要賣回來多少次都行。最重要的是，妳也不用擔心買了太多款不同的戒指，萬一哪次不小心戴錯了，在甲朋友前戴上乙朋友送給妳的戒指，那不就尷尬了。

那位小姐一聽就懂了，當下歡歡喜喜選定一枚五萬元的漂亮戒指，晚上就帶著她的朋友來店裡挑走了。然後，這枚戒指很快就賣回來店裡，隔一陣子，她又再帶人來買……

大舅媽對我說，同樣一隻牛可以剝好幾次皮，同樣一枚戒指可以賣好幾次，又能皆大歡喜，這是多麼棒的生意啊！

．．．

除了生意手腕高，能言善道，舅媽做生意也開創性十足，想法很前衛。一開始，她爲了讓鑽石生意活絡，還在店裡掛了一個招牌，寫上「鑽石交換中心」，這個舉動至少是中部珠寶界的首創。

那時，有很多人會把家裡的舊鑽石拿來換好一點、有GIA（美國寶石學院）證書的鑽石。舊鑽石我們整理整理後，就拿到比台灣經濟發展較爲落後的地區販賣。當地的人們沒有那麼講究，只要看鑽石是眞的，一樣晶瑩璀璨，好賣得很，這就是二手回收珠寶的雛型。

從「爛貨」裡找出稍微像樣的東西，整理後再賣出去，這個最好賺，不是嗎？「鑽石交換中心」這塊招牌一直掛了四十五年左右，直到統一珠寶行歇業爲止。

大舅媽在經營生意上很有一套，然而，店裡珠寶專業知識方面的大後盾，是我的大表哥劉銘智老師。大舅媽高瞻遠矚，一旦決定開珠寶行，便立刻叫我大表哥去學專業知識，考上美國的ＧＩＡ鑽石鑑定師。我大表哥（中原化工畢業）可能是台灣前三位考上ＧＩＡ鑽石鑑定師執照的人，在那個資訊封閉的時代，我大舅媽眞的非常有眼光、有遠見。

後來我表哥移民美國做鑽石批發，跟台灣有很多生意往來，台灣現在很多有名的鑽石批發商都是他帶出來的徒弟。

我表哥還引進國際鑽石報價表（Rapaport diamond report），諧音是「喇叭伯」，清楚表列各種鑽石的等級與對應的價格，提供一個客觀標準，讓買賣雙方都有所依循，交易也因此變得較透明公開。要不然，以前的珠寶店常會亂喊價，都是抓一下成本，再看顧客的穿著打扮，猜測身價高低、出手闊綽與否，想要賺你多少錢就賣你多少錢，完全沒有一個準則。

除了鑽石報價表，美國寶石學院ＧＩＡ證書也是我表哥引進台灣的。所謂ＧＩＡ證書是鑽石品質與價值的保證，可以讓雙方於買賣時對於品質有所依據。在沒有ＧＩＡ證書時，以前的人哪懂什麼鑽石鑑定，鑽石不就是鑽石，有什麼差別呢！像以前我媽媽的結婚鑽戒是跟大舅媽家隔壁的古月軒買的，哪像現在的鑽石切割仔細，花樣多，有冠部、腰部、亭部，以前只有薄薄一片而已。

我大表哥在美國的鑽石批發生意上了軌道，空閒時間變多，在別人慫恿之下，他開始做一些非自己熟悉領域的投資。他告訴我曾在美國開義大利餐廳、投資房地產、買舊屋翻修再出售，還跟人合夥做水泥生意，這些投資有賺有賠，有些則是人力財力物力的浪費空轉。後來表哥快五十歲時，小孩也長大了，才又回到台灣做珠寶本業，如彩色寶石、翡翠，真正的如魚得水，大展身手，賺了很多錢。所以有專業知識做後盾，隨時都有成功的契機，大表哥給了我最好的示範。

俗話說，做生意要三本，本人、本錢、本行，缺一不可，不懂的東西看到就想做，非賠錢不可。而且如果你在最本業、最熟悉的行業都賺不到錢了，做其它領域還會有搞頭嗎？我才不相信呢！

3.「受傷」讓我的人生轉了彎

我覺得我被「讀大學的留下來，其他的人可以走了」這句話給刺傷了。但我也沒有自怨自艾。山不轉路轉，後來我乾脆回台中，一腳踏上珠寶業這條「康莊大道」。

說眞的，我爸雖然當老師，但其實我很怕考試，也不是那種埋頭死讀書，拚命考好學校的那一型學生。衛道中學畢業後，我就讀樹德工專。

我有一個表哥自己會組音響，買材料隨便組一組，就變出一個音響來，那時候我覺得：「哇！好厲害」，於是決定效法，也去念電機科。一讀下來，才發現根本不是這麼一回事。

我工專的課業馬馬虎虎，但是我當上桌球隊隊長，從中學習到不少課本以外的能力與見識。雖然我在桌球隊裡球技算是敬陪末座，我從來都不會覺得不好意思，因爲每次要上簽呈、比賽、聯絡、聯誼等，都由我負責，我等於是一個最好的後勤官。這些過程訓練我辦活動要有條有理，做事情要有方案規劃。我與這些桌球隊隊友到現在還一直有連絡，也會固定時間約吃飯打球。

工專生活過得還算愜意，但有一件事，卻讓我非常刻骨銘心。

在那個年代，救國團寒暑假辦的營隊活動非常熱門，有一次我很幸運抽到了澎湖戰鬥營。那可是換上軍服進行戰鬥訓練的營隊，很不得了，簡直酷斃了。

生平第一次到澎湖，我滿心歡喜，卻被迎頭潑了一盆冷水。

我才剛坐上大巴士，有一位成功大學工業設計系的女同學負責帶團隊，她坐在以前公車車掌小姐的位置上，對來參加戰鬥營的學員品頭論足，一個一個問你讀什麼學校。問到我的時候，我回答樹德工專，她馬上對大家說，「你們看吧，又是一個『工專臉』。」她可能是在開玩笑，但那種在學歷上好像被歧視的感覺，這麼多年後我還記得。不過這也成爲我鞭策自己的一股力量，期許自己在社會上努力上進，不要被瞧不起。

‧‧‧

我工專畢業後當兵，很巧也曾被派到澎湖演習。我當的是通信兵，還參加過漢光一號演習。當時假設場景為中共以澎湖為跳板，準備以武力進犯台灣，國軍則要進行海島攻防戰。當時從高雄坐船到澎湖，差不多要五個小時，但是要在海上演習訓練，船才不會走直線，往往都是傍晚開船，隔天早上八、九點才到澎湖，十幾個小時的航行下來，船上每個人都吐得一塌糊塗。

凌晨拂曉攻擊時，我是紅軍（代表共軍）那邊的裁判官附屬通信兵，登陸搶灘的時候要跳下海，我一跳下去，水淹到我的胸部，通信器材泡水故障了。我臨機應變，趕快找旁邊通信器材沒壞的人借，不然就要倒大楣了。

退伍後，我去應徵一家賣童裝、少淑女裝的公司，叫做「蜜雪兒」。這個名字，我過再久都會記得。當時的工作不好找，我寄了履歷應徵儲備幹部，接獲通知去台北面試。沒想到，那是繼被叫「工專臉」之後的第二次受傷。

我一進到面試會場，哇！人山人海。只錄取兩個名額，來的人恐怕有好幾百人。不料，公司負責面試的人開口對大家講的第一句話竟然是：「讀大學的留下來，其他人可以走了。」

我聽了當下傻眼。我投履歷的時候就有寫上自己的學經歷，如果這家公司不想錄取專科畢業生，爲何還要請我來面試呢？這樣的存心，我眞的不懂！

那時候一大票專科、高中畢業的人，大家都很認份，鼻子摸一摸就走了，也沒有人抱怨，包括我在內。留下來的，大概只剩二、三十個吧（那個時代的大學生畢業生還算是稀有動物）。

我覺得我被「讀大學的留下來，其他人可以走了」這句話給刺傷了。但是我也沒有自怨自艾。山不轉路轉，後來我乾脆回台中，一腳踏上了珠寶業這條「康莊大道」。

・・・

回到台中後，我大舅媽勸我，說珠寶這一行，好好做也算是一個「頭路」，年輕的我沒想那麼多，再加上午、晚餐免費吃，算一算也不賴。那時統一珠寶行的員工都是自己人，有舅舅、舅媽、我媽，還有舅媽的一位好朋友歐巴桑，而表哥主要的工作是在美國採買鑽石，偶爾才回來台灣。

我媽媽在早期台中珠寶界算是小有名氣，人稱「統一阿姑」，大家都跟著我表哥叫。我媽有一句話最厲害了，當有客人進來買手飾，說自己的手很醜時，我媽會跟客人說，這種手最美啦，那種打麻將的手，金光閃閃的才醜哩；像妳這種皺皺的，「做工的手，最美啦！」每個客人一聽，都覺得很窩心。

那時，鑽石進貨庫存都是我媽負責盤點。我媽最早在農業改良場上班，工作包括確認每平方公尺可以產出多少粒稻穀，飽滿的有幾顆，一粒一粒都要數清楚。我媽常常講，同樣一雙手，以前數稻穀，現在數鑽石，你看差多少。不過其實都是爲了生活打拚，要說差不多也可以啦！

我大舅媽的朋友歐巴桑也頗有來頭。這位阿桑的娘家也在北斗。北斗以前可以行船，曾經是很重要的河港跟貨運集散地，他們家在港邊開百貨行，很有錢。她自稱十五歲之前出門不沾地，都由阿嫂揹著走，可見她有多麼嬌氣！後來因爲丈夫早逝守寡，她也很有志氣，不想依賴娘家，爲了養活子女，才出來做事。

雖然從小我就常在店裡內外走動，不過一旦決定做這一行，一切都得從頭學習。我媽出主意，建議我學珠寶批發，好險我沒聽她的話！珠寶批發商幾乎每個人身上都帶著大把現金，又因工作需要，常在外頭走動，很容易沾染上酒色財氣。加上批發生意眞的沒有那麼好做，有很多批發商都是倒閉了又東山再起，起來了又亂花錢而再次倒閉，深陷這樣的循環中。那時候，店裡樓上有個K金工廠，有十幾個師傅，每個都是一身功夫，但是我的手也沒有那麼巧，學手藝未必學得成。我想了想，決定專心學做生意。

除了現場看現場學，以及舅媽、媽媽等的經驗傳承，我也買了徐氏基金會出版的寶石學來看。老實說，一開始也不是完全看得懂，但是我把書上劃紅線重點的部分背起來，照著講給客人聽，講久了，有的講對了，有的是積非成是，漸漸講出自己的一套邏輯，慢慢做出一點成績，但也純粹就是一份糊口的工作罷了。

直到遇見吳舜田老師，他的一個建議，成爲我人生的重大轉捩點。

• • •

吳舜田老師後來在高雄珠寶界赫赫有名，等於是南霸天等級的人物。當年，他剛從美國回來，因爲家住台中，來找我舅媽聊天。吳老師是文化地質系第二屆的畢業生，大我十幾歲。我趁機請教他，如果我要做珠寶這一行，走哪一個方向比較可行?他給了我一個良心建議：先去讀地質系。

他分析說，未來考ＧＩＡ這類珠寶鑑定師執照的人會非常多，他覺得地質學知識對於從事珠寶業有非常大的助益。那個時候大學很難考，而且要一個做生意的人花四年時間去讀地質系，根本不可能，但是他看我還算年輕，建議我試一試。

我把他的話聽進去了。我記得，我去買了一本五南書局出版的《普通地質學》，作者是文化大學地質系何春蓀老師。這本書我精讀了六遍，第二年就插班考上文化地質系。

當時我會去讀地質系，主要有三個因素。

第一，說實話，地質系比較好考。那個時候最好考的是森林系，而最多人考的是國貿、土木、電機、電子等熱門科系。我記得，我們班插班錄取三十二個，而且我服過兵役，錄取標準又降低一〇％，相對來說眞的好考許多。但我考上時還是很高興，足足興奮了三個月，連在路上騎腳踏車的時候都會笑。

第二，當然是爲了繼續從事珠寶業。那時候，我在統一珠寶行工作也有五年左右了，若希望更上層樓，並跟上未來趨勢，更要補足自己在這方面的知識。

第三，就是我在讀專科的時候認識的女朋友（後來成爲我太太），她鼓勵我去讀大學，充實自己。

最後這個因素應該是最大、最重要的吧！

4. 地質系的學習歲月

我考上插大時已經二十七歲了，看著書本作者活生生站在自己面前講課，傳授一生豐富的經驗知識，我很珍惜這樣的機會，能跟這些大師級的人物直接學習、對話，真的是受益匪淺。

讀文化地質系三年期間，我都住在閻志昭先生家裡。閻先生做珠寶批發生意，也做珠寶盒與櫥窗擺件批發。他是閻錫山將軍的親姪子，家世頗有來頭。閻錫山將軍是地方軍頭，那個時代齊名的還有馮玉祥、張作霖、吳佩孚等，他在大陸時期號稱「山西王」，跟蔣介石在「中原大戰」轟轟烈烈打了許多場仗，來台灣後還曾經當過行政院長，是一號人物。

當時，閻志昭先生的子女都在美國，他們家有四十多坪，只有我跟他住。他因爲做珠寶生意常常出國，我就幫忙看家；他偶爾也會邀朋友來家裡打麻將，這時我最高興了，因爲只要倒倒茶水、送送點心，就有不少小費可以拿。

他家有兩間房，一間全部放滿珠寶盒子，一間他自己住，也放了一些盒子。我則另外住在一間小小的儲藏室，約一、兩坪大，裡面只放一張沙發床、一張書桌、一個衣櫥就塞滿了，門打開的時候，還要稍微閃一下身才能進去。

我一邊向他學習珠寶生意經，在課餘也幫忙跑腿送貨。有時候送完貨回來，已經晚上一、兩點了，通常一躺下就馬上睡著。因爲還年輕，所以並不覺得這樣的生活很辛苦。爲什麼那麼晚還要送貨？因爲晴光市場那邊夜生活的人很多，一般的珠寶店，小的珠寶盒子會有庫存，但比較精緻的大型珠寶盒動輒兩、三千元，放久了也會壞掉，通常不會屯太多貨，如果剛好賣掉了，就會打電話叫貨。

• • •

我的工專同學大都插班去考國貿、土木、機械這類熱門科系，我考上地質系，他們都以爲我只是想圖個大學文憑而已。其實，到我考上插大已經二十七歲了，我並不是要去混學歷的，而是要去學知識。

記得文化的老師中有一位黃春江教授，是日本理學博士，擔任過台大地質研究所所長，退休後到文化地質系任教，主要教授礦物學與礦物學實習。教授很喜歡釣魚，我們學生也會跟他去釣魚。如果到了學期末，有人自己覺得成績不太好，就會去央求老師說，老師，我也有跟你一起去釣過魚，成績能不能就及格起跳?!

實情是，我們跟著老師去釣魚時，都會搶著幫老師弄釣鉤，但是同學自己的魚鉤通常都不勾餌，當然釣不到魚，而讓老師一直釣到，同時大家就用力拍手，說老師好厲害，拍老師的馬屁！老師釣了很多魚就很開心，期末分數就好商量。

有一次我們跟老師到宜蘭釣魚，有一個平常很白目的學弟想一起去，我們原本不想讓他跟，他竟然開車偷偷在後面跟著。到了釣魚的地方，學弟也說要一起釣。我們表面上說好，其實是要捉弄他。我們在老師的釣鉤上放很少的魚餌，學弟不知原委，正常用餌，一直釣到魚，還一臉洋洋得意，反觀老師就釣不太到。到了學期末，學弟分數只有六十分。

其實，老教授知識非常淵博，他也知道文化的學生程度難免遜於台大，至於分數，只要準時上課，他其實不太跟我們計較。

印象深刻的，還有一位名教授何春蓀老師。他曾經兩度當選年度地質界十大貢獻人物，早年在雲南澄江做研究，後來聞名世界的前寒武紀澄江動物化石群，他是最早的發現者之一。他另外還寫了不少教科書，看著書本作者活生生站在自己面前講課，傳授一生豐富的經驗知識，我很珍惜這樣的機會，能跟這些大師級的人物直接學習、對話，眞的是受益匪淺。

還有當時的董事長張鏡湖先生，他本身也是地理學博士，曾經當過美國夏威夷大學教授。我有一次聽他演講，才知道他的父親是文化大學創辦人張其昀先生，本身也是地理學專家及歷史學家。現在我讀逢甲大學歷史與文物研究所，從文獻上得知當年蔣介石先生因爲內戰退到台灣，在台灣勵精圖治便是張其昀先生力主的，不由得佩服創辦人的眼光。

說來，文化大學在地球科學領域是很強的，那時候文化不只有地質系，海洋系還分生物組、地質組，另外還有氣象系、地理系，很少有學校在地球科學可以細分成這麼多科系，何況陽明山又是一個很重要的地質考察處所，讓我在就讀的時候可說是大開眼界。

・・・

念大學時，除了學習知識，課外活動也不可免。我對公眾事務比較熱心，當上了寶石研習社的社長。為了當上寶石研習社社長，我連文化大學乙組桌球隊的練習都放棄了（當時的文化甲組球員有很多國手級人物，例如紀金龍、紀金水兄弟，若是能就近求教，我的球技一定會扶搖直上）。

那時候當社長有兩件重要的事。第一，要請指導老師。那時我請到來來珠寶公司的邱維讓老師來擔任指導老師。我問老師可不可以免費上課，老師一口答應，然後我再問老師，可不可以送我們一些寶石，老師也說沒問題，最後我打蛇隨棍上，再拗到可以去老師的公司用儀器免費做實驗，老師也笑笑答應了，只說我眞是「軟土深掘」。沒辦法，誰叫大學社團經費少得可憐！

第二件事情，社團一定要辦活動。我決定帶社員去九份淘金！

那時九份早就沒有在開採黃金礦產，我利用週末，先去探勘了兩次，把路線規劃好，不過轉念一想，要是萬一淘不到黃金怎麼辦？不是很煞風景嗎？

我急中生智，活動前一個星期回到台中，那時候我媽負責銀樓的黃金部分，我跟她要了一小塊舊的黃金。因爲黃金的延展性非常好，我先拿去工廠，用機器輾得很薄，用剪刀剪成小條狀，再放進轆桶中攪拌，讓形狀變得不規則，感覺就像是眞正開採出來的。我心想，反正是唬唬同學而已，混得過去就好了。

活動前一天，我再跑去九份，特別找了老年型的河流，在河道比較蜿蜒、彎曲，有沖刷沉積之處，把黃金屑屑丟在那裡，還插了旗子做記號，免得找不到。隔天，我帶了十幾個社員來淘金，還眞的有人淘到，同學開心極了，整個活動也算是辦得很圓滿。不過，這個活動只辦一次就成絕響，因爲成本實在太高了！

5. 考察採礦樂趣多

中橫地質考察活動，讓我看到台灣的山川大地之美，並且跨出教室，印證書本所學，印象深刻。我把這當成一種人生體驗的壯遊，年長後想再來一次，真的也不容易了。

大二暑假時，重頭戲是地質考察。我們有個中橫之旅，從台中的谷關走十二天，一直走到花蓮的太魯閣。

我們從谷關出發的前一晚，住一個學長家裡開的溫泉旅館，很大一間通鋪，男生睡一邊，女生睡一邊。那時候，我們班上只有兩個女生前往，現在的珠寶界聞人朱倖誼老師就是其中一個。她晚上睡得很熟，我們這些臭男生很調皮，等她睡熟了，半夜就把她抬到男生那一邊。

她一早醒來，看見自己睡在男生這邊，嚇得直哇哇大叫。我們裝傻說，也不知道是怎麼回事，半夜好像有人一直滾過來；還有男同學開玩笑說，昨天好像有誰夢遊了，從他的身上爬過去，問朱倖誼是不是妳？那時班上同學感情很好，喜歡捉弄她，男生就是比較皮。

．．．

辦這個活動，讓我們看到了台灣的山川大地之美，並且跨出教室，實際了解一些河流的走向，地質礦物的情況，印證書本所學，都讓我們印象好深刻。

另外的收穫，則是認識各地居民的真實生活。當時八月，我們走到梨山的時候水蜜桃還沒有結果實，但看到梨山人在種高麗菜。現在回想起來，我把這種過程當成一種人生體驗的壯遊，年長後想再來一次，真的也不容易了。

但是這種活動不是想辦就能辦，需要事先跟教育部申請，還要拿一個大學生實習的牌子，寫著某某大專院校地質考察隊，才有資格拿地質錘，才可以去開採岩石礦物標本，因爲那些石頭全都屬於國家的資產。

每天的路線和預計考察的點，我們都會先規劃好，也會事先預定當天中午要吃的飯盒，要不然就沒飯吃，因爲山裡面還眞的是什麼都沒有。那時每天曙光乍現之時，一排男生同時面對著山脈在路邊小便，也算是奇景。

行程一開始還算輕鬆，因爲背包裡只有換洗衣物和簡單的生活用具，跟當兵行軍差不多。但是地質考察得挖石頭，行李會愈來愈重，女生都不堪負荷，石頭都是男生在揹。因爲我是插班生，年紀稍微大一點，同學們都「敬老尊賢」，只讓我揹一點點，意思意思而已。

有一天，我們在路邊看到一根根的水晶，懷疑附近有晶洞。我們一邊探索，拿著地質鍾敲開路邊的一個晶洞，用手電筒一照，果然發現好多水晶，每一根都有兩根原子筆這麼粗。

晶洞裡的水晶有一個特色，它很新鮮，尚未經過風化作用。水晶是六方柱面，它有生長的紋理，假如這個生長紋理慢慢消失，就表示這個水晶已經風化，或是被人們長期觸摸過。

我們發現的水晶因爲是新鮮的，稜線很銳利（其實水晶的硬度不高，莫氏硬度只有七度而已，久了之後稜線也會鈍掉），有一個同學一看到水晶洞太高興了，馬上把手伸進去，但是立刻哇哇大叫，手一伸出來，整個手臂全部都是血，因爲被水晶的銳利稜線給割傷了。

我們一看這晶洞有些危險，趕快戴上手套，再來取水晶。在這個晶洞採到的是白色的水晶，又新鮮，又漂亮！對於年輕人來講，水晶在那時就算是非常稀罕的寶物了。

我們地質考察必備的有地質錘、手套、羅盤、放大鏡、測硬度的卡片，我們也帶著鹽酸，用來判斷礦物是不是含有碳酸鈣。我們會把整個晶洞鏟下來，做紀錄，標明採到的地點，寫成教戰守則後交給學弟妹，因爲那裡有晶洞，代表附近應該還有很多。

在太魯閣白楊步道附近有一個水濂洞，是很特殊的地質狀態，山泉從山洞上方的岩壁宣洩下來，像簾幕一樣。山洞口有一大堆愛心雨衣，是來過的人使用完畢後放在原處，供後來的人使用。進去水簾洞要穿拖鞋，水很冰涼，穿著雨衣進去淋水，好像在做SPA一樣。

值得一提的是，水簾洞的山壁上有大量黃鐵礦，就是所謂的愚人金，因爲它看起來很像黃金，在九份也很多。由於流水長年累月侵蝕，整個山壁都很鬆軟，水濂洞的黃鐵礦很好採，依現在做珠寶的觀點來看，黃鐵礦根本毫不起眼，但當時大家還是採得很高興，那就是一段特別的青春回憶。

• • •

我當寶石研習社社長常常辦活動，也去過花蓮壽豐鄉理想礦場採台灣玉。記得有一次，我們搬了一顆大約半個人高的台灣玉，很重，從花蓮一路坐火車運回台北，拿到外雙溪附近一家古董店去賣。

那個老闆看了看，出價六千元要買，我們很高興，想說可以拿來當社團經費。

老闆當場打了一通電話，對著電話另一頭的人說，現在有一塊台灣玉很大塊，你要不要來收？接電話的人馬上過來，當場成交，雙方現場直接數鈔票，最後老闆賣了一萬五千元。

老闆只打了一通電話就淨賺九千，我們辛辛苦苦從花蓮扛回來台北，才賺六千元！我當下就有一種感覺，原來生產者眞的很辛苦，還是貿易者比較好賺。我那個時候雖然也有二十七、八歲，但是對這個社會的運作規則，某些部分還是很陌生，我當時心裡隱約浮現一種感想，哦——，原來社會上有些人是這樣子賺錢的。

之後，我當過兩任台灣省寶石協會理事長，也曾經帶會員去理想礦場採玉。台灣玉曾經在全世界廣受歡迎，後來在加拿大、俄羅斯都找到大礦區，產量比台灣更多，台灣玉就漸漸沒落了。但是現在，台灣玉做爲台灣的招牌之一，轉型賣給來觀光的陸客，其實也是一門生意。

理想礦場是變質岩礦，因爲挖礦的關係，礦場裡用炸藥炸得到處一個洞、一個洞，再從洞裡挖玉出來，屬於露天開採。我們坐鐵牛車到位於深山的礦場。那種車子專門載蛇紋石，輪胎比人還要高，是巨無霸車子。蛇紋石跟玉共生在一起，能賣給中鋼，是煉鋼用的助熔劑。

礦場開採剩下的廢料玉材，丟得滿坑滿谷，遍地都是。我帶會員到礦場時，常看到大家手裡拿著已經撿到的玉石，但一看到更大顆的，就把原先手裡的丟掉，換更大顆的，沿路撿，沿路丟，愈換愈大顆。

後來，我擔任中區職訓中心的老師時，也會帶學生去採玉。有學生問說可不可以拿很多回來？我說可以，任君採玉。那可不得了了，有三個同學很有心，居然還準備了麻袋。

我們從台中出發到花蓮，第一天晚上住山下，隔天一大早上山採玉，同學眞的裝了整整一麻袋玉石，可是司機看見了不太高興，說遊覽車又不是運石車，加上玉石那麼硬，有稜有角的，可能會穿破麻袋，把車子地板磨壞，要求同學把玉石丟掉，才肯載我們。

同學怎麼甘願呢？好不容易才採了一麻袋，要他們丟掉，免談！那個司機更有個性，一言不合，二話不說，引擎一發動，開車揚長而去。大家都呆若木雞，被司機放鴿子了，怎麼辦？那裡是深山耶！跟車的導遊只好趕快連絡，讓花蓮的同業另外出車子來載我們。

事後回想，那個司機的作法是合理的，不然車子眞的弄壞了，誰要賠？正所謂不經一事，不長一智，隔年再辦的時候，我們學乖了，先跟遊覽車司機溝通說我們要載玉石，司機說沒問題，並事先準備好厚厚的塑膠墊，鋪在車子地板上，避免磨損。

• • •

到了大三，因爲選修寶石學課程，這時又遇到了我人生非常重要的恩師吳照明老師。

那時，我們常常去幫吳老師整理倉庫。老師的倉庫放的是寶石，但總是亂成一團。我每次去清倉庫，老師都會給我一些教材、標本或是水晶。後來老師說，只要是第一次來的同學，就會送水晶或柘榴石，我們就去寶石研習社、地質系呼朋引伴，後來連不是地質系、寶石研習社的同學知道有這個好康，也都跟著來湊熱鬧。

老師至今對我的提攜仍然不遺餘力，並給了我最佳典範。不管是上課還是產地實習，老師一律知無不言，言無不盡，只怕同學聽不明白。他總是一而再的督促叮嚀，我想曾經受教於吳老師的所有同學，一定都會同意我的看法。總之，文化地質系的三年學習，讓我一生以地質人自居，更加熱愛地球科學這個科目，加上受到大師們的影響，我自信對待學生也是盡力教導。

PART 2

從入行到專精的六堂課

1. 漂亮的東西自己會賣自己

大舅媽曾經教過我，如果看中一件覺得很漂亮的珠寶，在腦海中浮現三個可能購買的人選，那就不要客氣，直接下手。通常這種進貨的思維，成功率超過八成。

我在統一珠寶行上班時，覺得收穫最多的，是學到待客的應對進退之道。我年輕的時候記憶力特別好，電話拿起來一聽到聲音，馬上知道對方是誰，客人就會覺得很受用。印象中，我大概可以記住一百五十組電話號碼，有的客人很佩服，直說年輕人真的不一樣。

剛開始，我還沒有辦法上第一線賣珠寶，所以常常幫忙跑腿、買東西，還要幫忙看車子。珠寶行位於中山路上，雖然是熱鬧的市區，但是路很小條，我常要幫忙看著客人的車子，以免他們被警察開罰單。

除此之外，像是店裡有電線壞掉要維修，化糞池隔三、四年要抽水肥，弄完之後還要買水泥把蓋子塗好等這些瑣碎的事，我也都會去做。對我來講，這些事都不難，而且過程中不知不覺潛移默化，我也學會把腰變軟了。

後來開始看店，我漸漸就有能力判斷來店裡的人會不會買珠寶。當時我們店附近開了一家連鎖炸雞店，我發現一個定律：星期天上門的客人，若是穿個短褲拖鞋，帶著整群孩子，手上吃著冰淇淋、炸雞的，大都不會買珠寶。他們只是因爲天氣熱，店裡有冷氣就進來吹，涼爽一下，然後就出去了。所以從客人的行爲再搭配周遭環境，就可以判斷出很多事情。

那時我們店的對面就是第四信用合作社（現在是宮原眼科第二店），旁邊還有第一銀行總行，會有大批員工來參加教育訓練；店後方還有土地銀行、農民銀行、郵局，都是總行。公務員裡有很多人滿喜歡珠寶的，他們不見得會買，但會常常來看。因爲我們走專業路線，所以我們的客人中，公務人員的比例相當高。這些客人跟吃完炸雞順便來店裡逛逛的客人就不一樣。我從外表就可以端詳出，這個顧客購買的機率大不大。

後來我常常在演講時，分析哪些人會買，哪些人不會買，這的確是一種歸納法。我們並非是以貌取人，但是從事珠寶買賣，一定要了解消費者的屬性。

‧‧‧

除了推敲客人的購買機率，怎麼跟客人解釋鑽石也是一門學問，大舅媽就教了我好些招數。

首先，她教我如何鑑定鑽石真假，從簡單的導熱儀教起，再來學習熟練使用放大鏡等。我先在家裡練習一遍，客人來的時候，我就教他們如何看真假。好壞我還不太懂，但看真假我還行，有時候講完，客人就稱讚我也滿懂的，我也慢慢累積了成就感。

再來，大舅媽叫我背設計圖。店裡有很多客人都是拿著老一輩留下的珠寶來，希望做點改造，因爲這些珠寶樣式可能比較舊了，戴起來不好看。以前沒有什麼資源可以利用，我也沒學過珠寶設計。舅媽問我，世界名牌是不是好的珠寶設計？我心想當然是。舅媽說，那你就把名牌珠寶的樣式圖全部照抄，但不能現場拿書照抄給客人看，因爲這樣就不稀罕了。舅媽要我把名牌珠寶的樣式圖全背起來，然後每天練習畫，畫久了，像不像三分樣。

下次有客人來詢問時，我會建議這個珠寶應該要怎麼改比較好，而且當場畫給客人看，再問客人這樣子好不好？客人如果覺得不錯，就照這個樣式去做，通常成功率滿高的，因爲我畫的圖都是參考受過時間淬鍊的國際名牌設計！不過，最後的成品當然不會跟原本的樣式圖完全一模一樣，因爲每一顆寶石的大小、樣式還是多少有些不同，但主要造型的確是參考設計師的巧思。改造之後，成品很漂亮，客人戴出去往往會被人家稱讚，並詢問在哪裡做的？有客人回來店裡時，就會稱讚我說，黎龍興你的設計不錯喔，跟國際級設計師的觀念滿像的，眞的很漂亮。每每聽到這些讚美時，我心裡常常想說，怎麼會不像？就是我背圖背來的。

當然，現在珠寶設計的作法更細膩了，而且會考慮到更多因素，例如文化、創意、節慶等。

像泰國的設計創意實力就相當強，但是它的珠寶設計製造風格，在台灣並不好賣，原因就是文化差異。台灣人喜歡主石大大的，K金台不一定要很豪華，或是一點點也無所謂；但是泰國人對主石並不那麼在意，旁邊的配石反而很多，整個K金台也做得很大很豪華。

泰國是很大的珠寶出產國，有其東南亞風格，這種風格對台灣人來說偶爾會有某種新鮮感，比如說魔鬼鑲法。這種鑲法沒有爪子，寶石後面直接用K金頂住，是一種很特別的鑲法，但是萬一破掉，寶石就會碎爲一堆，這種創意一般華人就不會很喜歡。

台灣比較喜歡的某些風格，像是有些墜子做出葉子的造型，叫做「一夜致富」；還有「玉跪人」（遇貴人），一塊玉，上面刻一個小人兒，做出跪著的模樣（這是早期中國就有的）。另外，還有「三元及第」，有三顆豆子樣的豌豆莢玉墜，豆子也是象徵多子多孫，送給媳婦，或是兒子帶女朋友回家時可以送她（送這個其實有點「居心叵測」，代表想要他們多生幾個）；還有辣椒也是代表多子多孫，這些都是傳統文化上的好寓意，泰國人就不會這樣子做，這就是文化的差異。

・・・

跟著大舅媽做生意，最受用的是學會有關經營珠寶店的方法。大舅媽那時候毫無保留地教導我，眞可說是我人生的第一個指導教授。舅媽告訴我：

第一，珠寶這個領域，就是得跟有錢人來往。這樣並非是看不起沒錢的人，我們是在教會長大的人，對沒有錢的人也素來尊重並一視同仁，但是珠寶這個行業的屬性，你一定要了解，原則上就是跟有錢人交往。因爲一個有錢人，贏過十個、二十個沒錢的人。

第二，珠寶就是滿足人某方面的虛榮心，說是成就感也行，所以你必須旁敲側擊，了解客人買珠寶的眞正目的是什麼，你的推薦或銷售才能正中他的下懷。

舉一個例子，那個時候若是買婚戒（當時還不流行求婚戒），主要都是婆婆拿主意，所以我們會特別跟婆婆建議，千萬別為了公平起見，要買一樣金額的鑽石，因為金額一樣，鑽石尺寸大小不一定會一樣。

鑽石的價格會受匯率波動跟當時市場行情影響。可能五年前娶媳婦，那時美金匯率是一比四十，三萬元的鑽石可能只有三十分，不過幾年後，同樣的價錢可能可以買到五十分，這樣子鑽石大小就不一樣了。大舅媽告訴我，你要跟客人建議，如果是娶媳婦用的鑽戒，不應該用等值的金錢來衡量，而是要用大小來比較。尤其是有兩、三個媳婦的婆婆，這些妯娌將來可能要日日見面，不會互相比較才怪，所以這些建議一向都會被接受。

第三點，關於買貨，要利用專業知識，從便宜貨中挑選出可以用的。講白話一點，就是從爛貨中找可以用的，那樣最好賺。像賣廢五金、二手回收業都是如此。

所有做珠寶的人一開始都沒有什麼經驗，都是從小做起。其實什麼行業都一樣，除了含金湯匙出生的人以外，哪有人一開始就搞得很大。所以你要先評估自己的情況，如果資本不雄厚，可以先從二手貨這個領域開始慢慢發展。

第四點，對貨底的概念要清楚。大舅媽舉例說，如果你花了一百萬買貨，賣了一百二十萬，剩下五件，有人會說這五件是貨底。大舅媽說，那不是貨底，那叫做存貨，因爲你一百萬已經回本了，而且多賺了二十萬。假如你今天買一百萬，賣了九十萬，剩下那五件值三十萬，在你還沒有回本的狀態之下，那五件才算是貨底。一定是有各種先天或後天的問題，讓這五件還賣不掉。

所以，我從這裡延伸出一個概念，買貨一定要懂得「sorting」（淘選），要懂得分級。我店裡的貨就會分成四級（收藏級好貨、正常品質、普通的、貨底），分級分得清楚，比較不會有閃失。

很多人做這一行都不懂得這個竅門，到最後白白把好東西賤賣掉了，很可惜。懂得這個竅門，對於中等的東西，就不會強求要賣到好價錢，且至少賣得掉；不好的東西，賤賣也不心疼；至於好貨，如果你不懂分級，賣得太低價，就是你對不起這個珠寶。

大舅媽曾經教過我，如果看中一件覺得很漂亮的珠寶，在腦海中浮現三個可能購買的人選，那就不要客氣，直接下手。通常這種進貨思維，成功率超過八成。

這麼多年下來，我的心得就是——漂亮的東西自己會賣自己。漂亮的東西，也一定會讓顧客得到更多的回饋，包括備受讚賞與投資回報。

像是早年我曾經從大陸買冰種的手鐲回來批發，常常一口氣買了一、二十個，那個時候價錢很便宜，一個買三千元台幣，我批發價賣八千元。其中有一只手鐲很漂亮，我要賣一萬八千元，後來有一個學生跟我還價一萬五成交。有一次在玉市，我看到這個學生戴著一只手鐲很漂亮，就稱讚這只手鐲不錯；我學生說，老師，這個是我一萬五跟你買的，你忘記了啊？

我問她現在要賣嗎？她說賣呀，怎麼不賣？老師你看多少？我心想，我賣她一萬五，現在漲二十倍總有了吧，我就說我三十萬元跟妳買。她卻說，有人出一百五十萬元我都沒賣呢。我聽了差點昏倒，足足漲了一百倍呢！

2. 看懂人性送贈品

我們的策略是，買十萬元就送一枚金幣。結果客人硬是說，我有三個女兒，能不能一個人送一枚？這下麻煩了，但是就算打落牙齒和血吞，我們也得照送！這其實牽涉到人性的問題。

我跟表哥曾做過一個很成功的促銷案。

那是還沒有電腦的年代，我們發給顧客一張卡片，上面登記這位顧客這一年的買賣紀錄，只要一年內達到一定金額，我們就送回饋禮，並在農曆年前半個月，寄明信片通知顧客來店裡領取贈品。我們不會在明信片上寫消費總金額，怕被顧客的先生或太太知道了，兩人吵起來，引發家庭革命。

我們以購物總金額的一．五％到二％來當贈品，贈品有咖啡壺、烤箱、微波爐等，買愈多送愈多。那一年，我們店裡堆滿了電器用品。買超過一百萬的，就送香港來回機票一張。那時候飛香港很貴，大概要一萬五千元左右。

送贈品有什麼好處？過年前請客人過來，那時候已經發年終獎金，或者年終獎金大概有多少客人心裡也有底了，她來拿贈品，會順便在店裡看一下。我們統計過，有六成客人會再加碼買東西，效果很不錯。另一個好處是會產生有效的排擠效應：當客人在我們店裡消費了十萬元的年終獎金，她就不會再去逛別家珠寶店，明顯體現管理學所講的，避免讓自己的客戶與同業有接觸的機會。

有些客人拿了一張機票，爲了讓爸爸、媽媽同時去香港，加上年終時也想再買些珠寶，就會詢問看看有沒有什麼東西剛剛好一百萬。我們當場拿出一顆鑽石，非常漂亮，一百萬馬上成交！她又多了一張機票，同時也滿足了一起送爸媽出國玩的孝心。

還有，比如說買五十萬送一台微波爐，而客人的消費總金額約三十、三十五萬，但他很想要微波爐，剛好有朋友要結婚，反正都得買首飾，到哪裡買都一樣，客人就把卡片交給朋友，請朋友來我們店裡買，金額則登記在他這張卡片上。朋友基於幫忙立場幫你累積金額，也買到喜歡的首飾，客人則得到微波爐，同時我們的店無形中也多了一個不領薪水的推銷員，三方各得其利。就算客人光是拿贈品，沒有再多買東西，至少也讓客人跟店裡再度產生聯結。

那一年，我們總共發出六、七十張卡片，其中有兩、三個客人還跟我們說，以後不要發這種卡片給我了，我老公（或老婆）看到了不高興，以為我買了很多錢；也不要再寄明信片通知，打電話就好了，再不然，請我的朋友通知我也可以（那個年代還沒有行動電話）。

• • •

第二年，我們食髓知味，但是改弦易轍，想玩點新花樣，於是改送金幣。我們從中央信託局買譬如熊貓金幣、袋鼠金幣、楓葉金幣等。金幣買愈大，單價愈便宜，但我們不可能買一盎司的金幣來送人，因為要幾萬元。

我們一開始是買1/10盎司的金幣，一枚一千多元，後來覺得太貴，就改買1/20盎司的，只要六百多元。中央信託局的金幣都快被我們買光了，他們都很好奇，我們買這麼多金幣到底要幹什麼。

買珠寶送金幣，聽起來很吸引人，我們覺得效果應該會不錯，但最後我們失算了，這個贈品案其實是十足的大錯誤，大失敗。

我們的策略是，買十萬元就送一枚金幣。結果客人硬是說，我有三個女兒，能不能一個人送一枚？這下麻煩了，但是就算打落牙齒和血吞，我們也得照送！

這其實牽涉到人性的問題。客人的心態是：我這一年都跟你買這麼多了，多送我兩枚金幣會怎樣？其中有一個客人足足向我要了十二枚，他說要做一個套鍊，我也不敢不送他。

換成我自己是顧客，我也會想跟店家要要看，反正店家的金幣本來就要送人，送別人跟送我不是一樣嗎？難道我買的就比較少嗎？雖然店家規定買十萬送一枚，我想要兩枚，難道店家會不給嗎？結果幾乎每個客人都多要了，我們送金幣送到差點昏倒。

那時推這個贈品方案，是因爲我們店剛好重新裝潢，想藉著舉辦這個活動來吸引客人回流。第三年，我表哥就說不玩贈品遊戲了，玩久了也很累，還是回到正軌吧。但在我心中，這兩次的贈品活動都是很好的學習。

我現在的店也沒有做這樣的贈品活動，因爲現在的珠寶店不像從前，經營的是比較高端的客人，只要東西品質好，服務好，製作的金工好，連改手圍也不要錢，客人也不在乎是否有贈品。不過秉持著好東西要與人分享的心態，像是我有一個同學在賣酒，我就曾跟他買整箱的葡萄酒，若剛好有客人來店裡，我就跟客人說，你運氣好，送你一瓶。但老實說，我也不可能買一大堆酒擺在店裡，每個客人來都送一瓶，那還得了！

不管怎麼說，做生意就得了解人性，也不要被一時的成功沖昏頭，這是我學到的寶貴教訓。

3. 拚創業需要好夥伴

所有的事情都是有機會的，只要人對，所有的東西都對；只要人不對，什麼東西都不對了。所謂不好的工作夥伴，我遇到的大都是因為觀念問題。有些人就是教不來。

我只要投入一件事，就希望做得長久，我不喜歡跳來跳去，因爲滾石不生苔。我對珠寶這個行業眞的很熱愛，從來沒有打算轉換跑道。

珠寶這個行業很特別，做下去以後就會上癮，因爲只要你信用好，客人就會源源不絕，加上很自由，有機會可以行萬里路，到處去看、去玩，而且並不會太辛苦，主要是勞心而不勞力，收的又大都是現金；講得實在一點，隨便賣一件，一個月的菜錢就有了。

在統一珠寶行待了十六年後，我決定自己出來創業，開的第一家公司叫「光磊珠寶設計公司」，專門做東森購物台的生意。我去泰國買寶石，在台灣、香港製作，再賣給購物台。

做購物台的生意我並沒有賺到錢，但是跟我合夥的人則會賺到，爲什麼？因爲我月薪只拿三萬五，雖然加上業績抽成，感覺收入還不錯，但是每天都非常忙，比較起來，跑單幫去客人家裡賣珠寶收益會更好，花太多心血時間在購物台的業務上反而比較不划算，所以購物台做了兩、三年後要收掉，說實話，我反而鬆了一口氣。

不過，在做購物台時，我深刻領略到一件事：找貨很重要。

購物台需求的量很大，寶石價錢又要便宜，還得是天然寶石來做成品，又不能偷人家的K金（意指減少眞正的K金比例），實在很不容易做。所以現在的購物台流行賣925銀台（指含銀量九十二．五%的銀製品，爲銀器的最高純度），鑲蘇聯鑽，中間才是天然寶石。這正是窮則變，變則通。

購物台的生意結束後，我改做批發兼跑單幫。我很拚命，早上才去見客戶，下午聽說客戶又缺了什麼貨，不管多遠，都會再跑一趟。有時候，跑單幫走一趟，可以成交好幾百萬。

甚至有一次，我一早坐飛機去香港交易，當天來回，我太太都沒發現我出了國。但是現在回想起來，將來我女兒若要嫁這種人，我一定反對，因爲太危險了，很容易出事情。

後來，我終於下定決心開珠寶店。

・・・

我的第一家店開在台中市向上市場附近，算是菜市場邊邊。我的想法很單純，以爲菜市場很多人，有人來買菜，就會加減進來看一下、買一下，結果證實是我想得太美好了。

店開了三年，都只有老顧客進來買，新客人很少，原因是不好停車。而且，向上市場附近也有好幾家珠寶銀樓，競爭壓力大。撐了一陣子，店就搬到永豐棧酒店附近。我當初買這個新店面時，是抱著半投資的心態，我跟仲介講，如果有一天要賣出這個店面時，希望是好賣的。住永豐棧的客人有些是來開會的，看見我們的珠寶店，就會順便過來看看，再加上陸客也會來看（通常入住五星級飯店的陸客比較有錢一些），客源就慢慢多了起來。

後來我才又再開了一家眞正在菜市場（東興市場）裡面的珠寶店。店開在菜市場，可以看到人生百態，尤其別小看市場裡面的許多歐巴桑，談起投資理財，人人都頭頭是道，後來再仔細追問，原來都是輸到變成了專家。

這家店是我妹妹在顧，我教她的第一件事就是比價：先到別家店去看，看看人家開多少，工錢就訂得比人家低一點。任何人只要一發現你的工錢比別家貴，就不會再來了，當他知道你眞的比較便宜時，也不會再跟你殺價。來店裡的東南亞客人以家庭雇傭爲主，只要主動跟她們講會便宜一點點，她就很高興了，也不會再往下殺價，反而台灣的客人比較喜歡殺價。當然如果不夠成本，就不要賣，就算被殺價，也還是要有賺頭，因爲這也是一門生意。

・・・

我開店爲了讓工作夥伴有認同感，除了給技術股，連店名都會用上工作夥伴的名字。但是曾經有一個夥伴，講話很膨風，常常在外面講說這一家店是他的，他也有股份，不然店名怎麼會有他的名字？是後來股份被黎老師吃掉了……，實在是吹牛吹得太超過，我聽聞時也很傻眼。後來這位夥伴要離職時，我就跟他說，你在外面向別人吹什麼牛，要記得跟我講，有人問起來，我好幫你圓謊，不然牛皮吹破了，大家都會很尷尬。

我還有一個夥伴也是負面教材。他欠銀行很多錢，但是打算賴帳，我勸他還錢，但他卻說那是大家的錢，不關自己的事。我說，對，你講的沒錯，但這是對你人格的考驗，欠錢就應該要還，而且你有能力還。其實他每天口袋飽飽，可就是不想還錢。

我認爲，如果沒有辦法完全還完，至少要有誠意負責！這個夥伴在這件事情上心存僥倖，代表在別的事情上也可能這樣做，不知不覺地，就會變成每天在黑暗地帶遊走，如果有一天把自己逼到絕境，難保不會拖累身旁的人。

當然，工作夥伴怎麼做事，各國國情不同。像我們在泰國的磨寶石工，只要星期五發薪水，他星期六一定不來工作，星期天更不用講。當他週末吃喝玩樂一番後，若錢還有剩，他連星期一都不肯來。甚至還有人希望每隔三天就發一次薪水。照這種思維，如果一次發給他們月薪，那他們應該根本不會來工作了，所以我們都只發週薪。在那邊，廠商老闆請我們吃烤肉時，他的員工也在旁邊吃起來。那裡的員工只要口袋還有錢就捨得花，即使是老闆招待客人的昂貴餐廳，他自認也吃得起，不用太委屈自己。

但是再怎麼國情不同，在珠寶業，工作夥伴的操守永遠是基本要求。另外，所謂不好的工作夥伴，我們遇到的大都不是因爲操守問題，而是觀念問題。有些人就是教不來。

我曾有一個工作夥伴，若有客人進來我們店裡，想買款式比較特殊的珠寶盒子時（我們當然沒有賣盒子），這位夥伴就會直接跟客人說，你就去某某店買就對了。換成是我，面對這種情況，唯一的選擇就是幫客人服務。我會問客人需要什麼盒子，照相起來，或是請他描述清楚，然後幫他買。

前文曾經提過，管理學上有一個說法：儘量不要讓你的客人與其他同業接觸，在這裡也適用。

通常賣珠寶盒子的店，也會加減賣一些珠寶，如果客人拿你的珠寶去那邊比價，或是詢問黎龍興的店怎麼樣時，如果對方說你壞話，你的生意出現閃失的風險就增加了。

所以這位前工作夥伴的作法是絕對錯誤的。其實事情很單純，只要幫客戶買就好了。你可以把帳單給客人看，帳單五百元，就收五百元，表示自己一毛錢都沒有賺。這樣會有兩個效果。第一，讓客人減少跟同業接觸的機會，第二，你純粹服務，不賺他的錢，客人會覺得窩心。但是千萬不要跟客人說你虧本，那樣反而矯情了。客人一覺得窩心，對你的向心力就會變強，但是很多人都不這麼想。

我的前工作夥伴總是直接告訴客人這個去哪買，那個去哪買，把客人都趕跑了，而且屢教不聽。我想，並不是他懶，而是觀念問題。因爲有的人覺得，我幫你買東西，收了你的錢，我就變成你的「細漢仔」，這樣多吃虧啊！說穿了，這又回到原點，就是腰不夠軟。拜託，這有什麼好吃虧的！創造客人跟別的競爭店家接觸的機會，才是最笨的作法。

其實有些工作夥伴心裡在想什麼，我們當然知道，無非就是希望薪水多一點，休假多一點，能準時下班（所以只要快下班的時候客人進來了，臉常常就臭臭的）。

・・・

良好事業的經營，也要創造夥伴對這個行業的熱愛，對你這家店的強烈向心力，不然有的人來上班只是尸位素餐，每天賣時間給你而已，那還不如不要來。

這種類型的人，我在職訓中心看過不少。我在職訓中心教了十五年，每期大概都有一些工作機會可以介紹給學員，不過每次大概只有一、兩個人會問要準備什麼？需要什麼專業知識？從工作中我可以學到什麼？絕大部分學員都只會問福利怎麼樣？放假正不正常？有些人爲什麼在公司裁員時會被放進名單裡，而來職訓中心報到，想想可能也不是沒有原因的。

另外，我也常提醒學員，如果你發現有家公司一直在找新人，那一定有問題。珠寶業需要不斷累積知識，怎麼可能一天到晚換新員工？要嘛老闆很苛刻，要嘛制度很奇怪，不然就是薪水很差。所以我都勸同學，這種公司千萬不要去，除非你眞的只想去見識看看這種公司可以刻薄到何種程度，那也行，就當作一種學習，一種訓練，日後你若當了老闆，千萬別這樣刻薄員工。

所以，我的定論就是，所有的事情都是有機會的，只要人對，所有的東西都對；只要人不對，什麼東西都不對了。

4. 珠寶業的三次革命，邁向成熟

人生就是表演，但是凡事不能太超過。購物台若在某些面向上過分渲染，拿自家商品與國際拍賣會做比較，好像你買了這個寶石就會現賺幾十萬、幾百萬，這樣就太過了。

在珠寶這一行這麼多年，在我的認知中，台灣的珠寶業歷經三次革命，才走到現在比較有規模而成熟的狀態。

・・・

第一次革命是珠寶傳銷。

珠寶其實是最不適合做傳銷的商品。很多人認爲賣珠寶的利潤很好，但這點其實是架構在消費者的無知上。

一般的飾品珠寶，買來戴戴，滿足自己的浪漫情懷，純粹做為裝飾打扮，既有實際功用，又能帶來小小的幸福感，這樣很棒。但是高檔珠寶不是一般人可以買得起，可以擁有的。很多人會被漂亮寶石的「魔力」給吸引住，幻想著擁有它。

珠寶傳銷的問題是，很多人都在講假話，把K金成色很低、鑽石成色很低、很爛等級的紅藍寶石，講得十分不得了。

我曾有一個同學住在台北做房地產，自稱擁有的財產超過五千萬（那時候我在統一珠寶行上班，一個月薪水大約五千元），但是他擴張過快，公司倒閉了。

有一天他來台中，拿了一個紅寶石戒指、一個藍寶石戒指給我看，說是今天剛買的。我心裡嘀咕著，剛買的？你也不會來找我買？我一問，他說他參加一個珠寶傳銷公司，是在那兒買的，問我這兩個戒指值多少錢？我那個時候年輕氣盛，直接回答他說七千元。他聽了當場傻住，說他一個戒指買兩萬八，我問他怎麼買那麼貴？他跟我講解完，我就說那是騙人的。

我同學跟我解釋傳銷公司的制度，說拉一個人來買可以賺多少。我很好奇跑去現場看，果然眞的是一個拉一個，弄得有模有樣，規模很大。但是，拿那些東西跟我們店裡面的珠寶一比，說實話，那些哪裡算是珠寶，不過就只是比較漂亮的石頭而已，但是透過包裝與話術，身價看起來似乎就變高了。

你不得不承認，透過珠寶傳銷制度，讓台灣人認識了珠寶。這是一個初步的革命，它讓很多人對珠寶產生興趣，開始著墨珠寶，這是它的功勞。但是話說回來，寶石好壞需要有客觀的鑑定，珠寶是不是可以做傳銷？其實一點都不適合。

…

第二次革命就是電視購物台。

有些人買了購物台的珠寶，有時會心生懷疑，拿去銀樓問。當然，同行相忌，難免會被銀樓業者嫌東嫌西，還加重語氣，講得更難聽。不過，慢慢地，消費者開始懂一點珠寶了，所以後來購物台賣的珠寶也開始附上GIA證書，且生意還不錯。貴不貴是另外一回事，至少消費者現在懂得要有ＧＩＡ證書，有鑑定品質保證，漸漸地，三十分、五十分，連一克拉的鑽石都賣得動了。

我個人並不反對在購物台買珠寶，問題是，你是用什麼心態來買？假設你完全聽信購物台主持人的話術，相信你買的珠寶以後一定會漲翻天，那你就好傻好天眞。並不是購物台賣的所有產品都不會漲價，但是機率實在不高。

購物台也曾經賣過五克拉的黃鑽，賣過很大顆的白鑽，但是比例很少，因爲賣這種產品，利潤很差。金額高，能夠買得起的人就不多，能夠每天買的人就更少了。購物台是一種動態式的百貨公司，每天運轉，當然希望隨時都有生意上門，所以找貨能力要很強。

要讓消費者覺得很便宜，又覺得產品很好，必須要有一些技巧跟能力，但是依我做過購物台的經驗，我覺得不應該過分渲染某些事情，以及過分遮掩某些事情。

所謂渲染，是指在節目中說這個東西會漲價、價格可能翻幾倍，而且還拿自家產品跟國際拍賣會來相提並論（老實說，連我們珠寶店都不敢這樣隨口說了。）

舉例來說，若有一只翡翠手鐲，我說這是滿綠的（習慣上稱整體都是綠色的翡翠爲滿綠翡翠），富比士拍賣兩千多萬元，但我只賣四萬、五萬，你眞的相信可能嗎？我實在很難想像，台灣人明辨是非的能力有這麼差嗎？

我認爲，不該用這種話術來吸引消費者，更何況講這件事情的人，有的還受過正規珠寶教育訓練。如果是廠商，爲了賣東西賺錢誇大亂講，還算情有可原，如果是大家已經公認的名鑑定師、名學者，還配合講這種話，那就太離譜了。

所以，消費者如果抱著投資的觀念，那麼最好不要買購物台的珠寶。假如只是想戴著漂亮，消費得起，又有需要，購物台的珠寶也是一個選擇，因爲絕大部分購物台賣的珠寶至少主石都是眞的。不過它的配鑽絕大部分都是蘇聯鑽，戒台則都是銀台，只是在節目上未必會講得這麼清楚。

我曾經觀察過這類節目（因爲我在很多地方教授珠寶鑑定，以及珠寶事業經營與管理，想多了解一下這個行業的脈動），我發現，整段三、四十分鐘的節目，「這個材質是銀的」這句話一次也沒講到；主石旁邊鑲的都是蘇聯鑽，在節目上則是講「方晶鋯石」，而且只說一到兩次，就這樣子匆匆帶過。

如果節目上賣的是蛋面祖母綠（切割成蛋面可讓內含物較不明顯，肉眼可見），常常就不講內含物，只講顏色；假如賣的是其他產地、比較差的祖母綠，如非哥倫比亞的祖母綠，節目上就會很技巧的左躲右閃。

也有客人拿著從購物台買的珠寶來我們店裡鑑定，最後都是大失所望。我只會跟客人講，很好的珠寶，戒台不可能用低成色貴金屬，所以它的價格才比較便宜啊。基本上，在購物台買珠寶的消費者，通常是完全不懂，或者頂多一知半解，他們只是在滿足購物心態而已。如果知道戒台是非高級貴金屬，如果知道旁邊鑲的是人工製造的蘇聯鑽，不是那麼值錢，買的意願一定降低許多。知道實情後，部分人會自我解嘲，難怪它這麼便宜，反正用分期付款買，每個月扣一點錢，覺得還好。說穿了，這眞的只是一種銷售手法的包裝。不過，購物台賣的東西不喜歡可以無條件退貨，是一種很好的制度。

我並不反對購物台主持人的表演方式，人生就是表演，但是凡事不能太超過。

購物台若在某些面向上過分渲染，拿商品與國際拍賣會做比較，把寶石的品質渲染到拿地來跟天比，好像你買了這個寶石就會現賺幾十萬、幾百萬，這樣就太過了。

我還是那句話，好的珠寶旁邊不可能鑲假鑽，或是使用材質不好的金屬戒台。就算它是10K、14K的台座，還是K金，但是銀台的就是925銀的。沒有講清楚就是一種誤導！

身爲消費者，最好不要奢望從購物台購買的寶石會讓你賺錢，那根本是緣木求魚。戴著好看、也很漂亮，保持這種心態就可以了。這就是我對購物台珠寶的見解。

購物台可能會反擊說，那珠寶店賣的東西又怎麼樣？我承認，珠寶店、銀樓也不是每家都很內行，但是顧客付的錢比較多，買到的品質當然可能比較好。

我們在電視上鑑價的時候，若是來賓帶來在購物台買的珠寶，我們鑑定後所講的價格一般都跟在購物台買的價格差不多，沒有漲價，或者只是小跌一點點，意思意思。這樣說當然不是怕得罪人，而是市面上賣的價錢的確也就是如此而已。

俗話說，不怕買貴，就怕買錯。很多東西都會反映當時的貨幣價值，日後它可能會回饋你，但是在購物台買的東西通常做不到這一點，品質就是最大的原因。

・・・

第三次革命，就是吳淡如小姐之前主持的《女人要有錢》這個節目。

當時，我們在節目上做各種珠寶的鑑定，讓全台灣很多人重新審視自家的珠寶到底是真還是假。透過節目，許多人的確了解到，珠寶是可以投資的。珠寶投資的基礎是專業知識，當然買的時機很重要，還有你的口袋裡當時有沒有錢，敢不敢下手。

如果想當珠寶收藏家的話，有四句口訣一定要記住：

一、看得到，你要遇得到這個東西。

二、買得到，你口袋裡要有錢買。

三、摀得久，你要能夠放得夠久。

四、賣得出，你要有適當的機會讓出去。

這一個循環走下來，時間會自然推升珠寶的價值，可能就會讓你賺到錢。很多人以爲天上會掉金塊下來，但是要小心，若你跑過去沒接到，說不定金塊一樣會砸死你。

總之，經過這三次大革命，台灣的消費者從不相信珠寶，對珠寶陌生，變成喜歡珠寶，願意花工夫認識珠寶。現在在台灣珠寶傳銷業還存在，但是沒有那麼大張旗鼓，走向小衆化，買了還可以退換，慢慢也走向正軌了。

所以，身爲消費者一定要有概念，珠寶雖然可以當成投資標的，但它也是消費品，是投資跟消費兼具的產品。像車子就純屬消費品（除了極少數古董級、限量級的車子另當別論），房子就是消費跟投資兼具，因爲它有漲有跌，珠寶也一樣。珠寶要暴漲暴跌不容易，投資珠寶要眞的賺到錢，需要時間，急性子的人是沒有辦法做珠寶投資的。

5. 從ABC看玉的品質

在我的觀念裡，B貨可以賣，但是賣之前要跟客人老實說這是B貨，所以賣比較便宜。如果故意欺騙，說了一個謊，就要用更多謊去圓，久而久之，店的名聲就打壞掉了。

華人有流傳數千年的玉文化，大家愛玉、戴玉，特別是翡翠，而漂亮的寶石級的翡翠，更被稱做「玉中之王」，如果消費者喜歡玉，相關知識不可不知。

玉分成A、B、C三種。A貨就是眞玉，沒有經過任何優化處理的玉器。B貨就是灌膠的玉，大概在三十年前最多。因爲原來的玉不是很漂亮，就用強酸洗一洗，去掉雜質，有空間後，再塡充環氧樹脂，整個透明度就會變好。透明度變好還不夠，有人一不做二不休，再把膠染色，染了色的就是C貨，變成B+C，又是B

貨又是C貨。

早期很多台灣店家並不知道這個技術，這是香港人發明的，最早大量在廣東的南海平洲生產。我曾經去看過那個環境，又是強酸又是強鹼，惡臭不堪，根本不是人待的地方，但是做出來的手鐲，居然也是有模有樣。

手鐲做好之後，原本一只眞正A貨要賣五十萬，但現在只賣五萬，有些人就自欺欺人，明明知道東西有問題，還是照樣進貨回來台灣銷售。正所謂供給是架構在需求之上，想想也就不足爲奇了。

有些店家喊冤，說自己不知情，跟消費者一樣都是受害者，其實只是在推卸責任。但是憑良心講，早期店家還眞的不知道。我現在去平洲看，全綠的一只沒有染色的B貨手鐲，成本大概兩萬人民幣（估且算是十萬台幣），拿來台灣當A貨賣店家七十萬台幣。在台灣，如果是高價珠寶的話，一般店家會有三〇%到五〇%的獲利，所以賣消費者一百萬台幣也很合理。

．．．

我有一個學生號稱是B貨王子，還開玩笑對我說，老師，如果有人向我買到A貨，保證可以拿回來換。

他都到屏東、花蓮、台東……那些非大都會區去賣給店家。店家其實也不懂，比如說，店家在珠寶展上看到人家一塊玉要賣二十萬，但我學生只賣他八千、一萬；店家心想，我若賣客人三萬，一個月賣五件，就有超過十萬的收入，也不錯。

我還有一個學生，店開在北港朝天宮附近商圈，有一次他說，老師，你上次在電視節目上說B貨如何如何不好，我快被你害死了啦！我店裡全部都是B的，我爸媽交給我時就全都是B貨了。我一個綠色手鐲買價兩萬，我賣給客人五萬，一個月只要賣兩、三只，在鄉下地方就很好過活了。而且，我賣B貨其實也沒騙人啊，隨隨便便的A貨別說五萬，五十萬也不一定買得到。他說得也沒錯，問題是客人消費的五萬元可能是存了一年才下定決心來買的，若是事前告訴客人不是A貨，那對方的購買意願一定不太高。

當初跟我學生買手鐲的消費者一定幻想著，如果黎老師在電視上鑑價，說這個A貨手鐲價値一百萬，那該有多好，因爲我當年只花了五萬元買而已。若沒有變成一百萬，至少有個八十萬也不錯，客人沒想到，竟然是買到B貨。B的就沒救了，因爲A貨才有增値機會，否則爲何五到八年前，大量的珠寶店都願意加大價買回客人的A貨翡翠呢？

學生說，現在客人來到店裡變聰明了，先問這是A的還是B的？他只能回答說「小B」，避重就輕，不敢直接講是B貨，因爲講不出來！小B是什麼B呢？大偷跟小偷，一樣都是偷啊！我學生說，現在整間B貨都快賣不掉了。有一些客人還來回賣呢，把他嚇死了。

我勸對學生說，你賺那麼多了，就把B貨翡翠都收起來，拿賺的錢去買A貨。學生說，現在一只像樣的A貨翡翠算起來要十來萬，二十萬的成本，比以前貴很多，怎麼買得下手？

問題是，B貨到底可不可以賣？在我的觀念裡，B貨可以賣，但是賣之前，要跟客人取得共識，老實說這是B貨，所以賣比較便宜，你戴著漂亮、好玩，這樣就可以。如果故意欺騙，說了一個謊，就要用更多謊去圓，久而久之，像溫水煮青蛙，店的名聲就打壞掉了。

當然，生意人只向消費者講好聽話，舉世皆然，但是，人人心中要有一把尺，不能逾越那一道紅線。

6. 別以惡劣潛規則矇騙顧客

台灣的師傅長久以來，都有K金成色不足的問題。因為工資不高，早期又缺乏檢驗K金成色的工具，大家都是憑感覺、憑信用，也沒有人去抱怨，到後來，大家就愈偷愈多。

道德的紅線固然不能逾越，但是業界卻有模糊的潛規則在大占消費者便宜。

像是純金的黃金手鐲，你拿去賣的話，舊金飾熔掉重鑄會失重，業界的潛規則就是要從客人這邊多賺一點，算失重五％就很多了，但是店家收客人的手鐲進來，要先扣一〇％到二〇％，爲什麼？因爲手鐲接頭的地方基本上是用K金製作的（這樣韌度才大，開關也不易損壞），它成色不足，不是純金，但是賣的時候是照純金的價格賣，回收的時候卻要扣掉這麼多，就變成一個潛規則。這也讓有些客人甚至有了這樣的觀念：買金飾的時候不要買手鐲，因為回收的時候要扣很多。

另外，有店家會拿所謂「鑽石筆」來做鑑定。「鑽石筆」上面有刻度，從一到十，一接觸鑽石就會發出叫聲，並顯示刻度，其實那只是一個導熱儀，並不代表鑽石的硬度比。有些店家卻唬弄客人，說這是在測硬度，但事實上是在測導熱。鑽石的導熱性相較於其他天然寶石較佳，眞的鑽石一測，儀器會叫，像蘇聯鑽的導熱不好，所以儀器就不會叫。

很多店家叫它是「測鑽硬度儀」，講得臉不紅氣不喘的，其實是自己發明來唬消費者的。甚至有些上過課的同學還一臉狐疑的跑來問我，老師，那個不是硬度計嗎？我說不是，這是導熱儀。

還有些店家只要有一兩個小儀器，就覺得自己很專業，但是專業知識若不足，買貨進貨的概念就可能有偏差。比如說，有ＧＩＡ證書的鑽石就一定是品質好的鑽石嗎？ＧＩＡ證書裡面到底寫什麼，到底代表什麼品質，你眞的清楚嗎？不是只要證書有ＧＩＡ這三個字就萬事大吉了。

早期很多客人，尤其是一些歐巴桑，她們眞的覺得只要有ＧＩＡ這三個字就一切ＯＫ。她們的觀念是，既然能夠送到ＧＩＡ做鑑定，那麼品質一定很好。大家都這樣想，無形中就給了店家一些利潤空間了。

・・・

另一個在台灣最爲普遍的情況，就是台灣的師傅長久以來，都有Ｋ金成色不足的問題。因爲工資不高，早期又缺乏檢驗Ｋ金成色的工具，大家都是憑感覺、憑信用，也沒有人去抱怨這件事，到後來，大家就愈偷愈多。

由於Ｋ金金工是比較細膩的工作，Ｋ金師傅都是作坊式的。作坊大都是密閉空間，開著冷氣，有一個通風口，因爲過程中常常要燒東西，會缺氧，所以會用電風扇吹；另外，作坊的防盜措施也要做得很好，因爲裡面都是金子、幾克拉的大顆鑽石，要是沒藏好，被搶被偷就糟了。所以作坊都很隱密，要嘛隱身公寓中，要嘛就在地下室。

理論上，給師傅做的K金成色，應該要有750（含有七十五%的黃金及二十五%的合金），也就是18K，但是師傅給我們的成色，常常差不多只有12K而已。七十五%的純金只剩下五十%，其它的二十五%跑去哪裡了？就是弄到師傅的口袋裡去了。

因爲早期台灣做戒指原料是不要錢的，原料從哪裡來呢？是用舊版的一元硬幣（一面梅花，一面蝴蝶蘭，有首歌「梅蘭梅蘭我愛你」即暗喻爲錢），拿五、六個來熔化，再來煅造。只要付個一、兩百元工資，師傅就做成了一枚戒指。

因爲是鎳鋅銅合金，表面電鍍用到的那些藥水都是氰化物，是劇毒，很危險，也是很嚴重的汙染源。所以，早期那些K金師傅家裡連蟑螂都不會有。而且，一年總會有一、兩個K金師傅的小孩子因爲誤食劇毒藥水而死掉，講起來也很悲哀。

早期由於黃金便宜，K金占整個珠寶成本的比重不高，後來由於黃金暴漲，有些有識之士就覺得K金不應該偷，但是K金師傅就說，不偷我不會做啊，因爲我的師傅以前就是這樣教我的。他只會這一招而已。

後來這種情況慢慢獲得改善，其實這也要感謝東森購物台。購物台賣的東西，品質不會很頂尖，但是會有基本要求，再加上進口一些國外機器，用X光來鑑定K金的合金量是不是足夠，慢慢地，很多店家就會開始懷疑師傅的作法，一驗之下，果然大有文章。

珠寶業有許多產品需要客製化，後來我們就去找香港的師傅來做，因爲品質比較好。我們會事先說好，工資也給得比較高，但是做出來的K金成色一定要足。

香港向來是重要的珠寶出口地，又是自由港，紅磡那邊有很多作坊，表面看起來好像很市儈，但他們的態度是：你別想占我的便宜，但我也不占你便宜；他們很規矩，不做沒信用的事，或許費用貴一點，但說14K就是14K，說18K做出來就是18K，跟台灣的師傅不一樣。所以其實很多事情都是我們台灣人自己做壞掉的。

K金師傅是很專門的技術，但是台灣作坊普遍環境不好，不像在瑞士、德國，能正常時間上下班，也是很高尚的工作，做滿二十五年、三十年後也可以好好退休。台灣都是師徒制，師傅大部分都沒念多少書，從小來當學徒，見識比較有限，英文也不太懂，沒辦法吸收新知識，師傅教他哪幾招，他就只會那幾招。師傅在教徒弟的時候，就是教「偷」這一招，然後多出來的黃金，就可以拿去賣。所以台灣很多K金師傅，如果技術只是一般般，現在都沒工作了，因爲你這偷那偷，自己把自己的招牌搞爛掉了。

消費者還要注意，除了K金成色不足，K金台座上鑲的鑽石，重量也常常不對。很多消費者會算重量，估算大約多少錢，但是對於台座有多大、有多重就看不懂了。一般店家其實也不會騙消費者，都是師傅在騙店家，就跟偷K金成色是一樣的道理。

除了K金會偷，也有人偷白金。曾經有某個集團的二代開設一家白金飾品批發公司，產品行銷全台，本來很有信用，後來因爲老闆賭黃金期貨虧了很多錢，就開始一點一滴地偷白金。偷到最後，很多店家覺得奇怪，純白金怎麼這麼輕，一秤之下，居然只有八成，甚至七成而已，使得消費者與店家都信心大失。

所以有一陣子，白金賣出去是照牌價賣，回收卻連收都不收，後來改爲收六成、五成，爲什麼會有那麼大的差距？就是因爲大家認爲白金很難測，也沒有機器可以測定。後來又有年輕人出來做白金市場，再重整旗鼓，情況才慢慢改觀。現在台灣人做白金的，大部分都是從日本進口pt900（白金含量爲九○%），誠實告訴顧客，這個戒指裡面的白金成分有九成，且做出來的戒指也重，很有質感，才漸漸重拾客人對於白金的信心。

・・・

我在大陸還聽過更誇張的事，叫做鑽石漂白術。我剛聽聞，心想，鑽石還可以漂白，這是什麼招數？

假設你是店家，你拿H色（鑽石的成色等級從D到Z，D爲最高級，以下是無色至近乎無色的階段；Z最差，指最黃色微棕的鑽石）的鑽石給鑲工師傅鑲，他就用比較便宜的J色鑽石換上去，因爲鑲好之後，小顆的H色跟J色鑽石看不出來差別。鑲工師傅原本有一袋J色的鑽石，就這樣慢慢換成了H色。可能過了一個月，又有客人拿了更高級的Ｆ色或Ｇ色鑽石來鑲，他又換把Ｈ色鑲上去，Ｆ、Ｇ的留下來，以此類推，他原來的Ｈ色小鑽到最後就變成了一包白白的Ｆ色。然後他再拿去賣，大賺差價。

這哪是什麼漂白術，根本就是調包術！

原本Ｆ色賣二萬，但透過這種方式調包得到的鑽石，只賣你一萬五，很便宜，但本來他擁有的就是較不值錢的Ｊ色，成本只有八千。你的便宜其實是架構在別人的損失上，由大家不知不覺平均分攤掉了。現在，我還沒有聽說過台灣有這種鑽石漂白術，也衷心希望這種不道德的行爲不會發生在我們周遭。

台灣很多Ｋ金工廠，裡面的鑽石是由印度人所供應。你鑲多少，印度人月底再來稱重量差距。假定一包是十克拉，剩下存貨七克拉，表示你用了三克拉，就跟你結三克拉的錢。但是有可能鑲造過程中鑽石破掉，Ｋ金師傅也不管，直接把破的小鑽再混入整包鑽石中，結帳的時候，印度人看一下感覺沒有差很多，就直接拿給下一個人去做。結果愈做愈糟糕，愈做愈爛。

這樣看來好像印度人吃虧了，但其實他睜一隻眼閉一隻眼，是因為他已經預先把這一點算在成本裡，所以把價錢拉高，所以沒什麼好怕的。最後是誰損失？是店家損失啊。所以，店家如果專業不足，品管不佳的話，生意也會愈做愈糟糕。

・・・

這一行，除了「偷」這一招潛規則，還有「賭」字，也是一害。

在作坊環境中，師傅的自制力要很強。因為這個工作太自由了，加上交貨時跟店家客戶請款都是給現金，不能把持的人，一邊工作一邊簽賭就完蛋了。

早期，這個行業有人會去賭大家樂；如果是像打麻將那種必須親身參與的賭博，倒是比較少人玩，因為若是跑去打牌，就不能做生意了，反而是那種遙控式的，只要打個電話就可以的，如猜號碼，賭運彩，賭大家樂，大家比較容易陷進去。沒想到這個賭得更大，更可怕！

以前我們的師傅很多人賭，贏的時候會覺得怎麼這麼好賺，平常做得要死要活才賺兩、三千，大家樂隨便猜中了就拿到兩、三萬，很多師傅心想，乾脆就不要做事了。但如果賭輸了，爲了要翻本，常常愈陷愈深，輸很大的話，師傅也可能心想，再怎麼做也補不了那個缺口，最後不如不要做了。所以如果沾上大家樂，眞的很麻煩。人性很奇怪，不只是台灣人，是人都好賭，因爲人必定心存僥倖。其實仔細想想，賭博是零和遊戲，想辦法把別人的錢拿到你的口袋裡，終究不是一件好事。

PART 3

從珠寶
看人生百態的
八堂課

1. 為什麼買珠寶？虛榮、保值跟比較

只要是人，就會有比較心，一有了貪嗔癡，喜歡活在人家掌聲中的男男女女就會現形。很多台灣人有這種壞習慣，即便買貴了，也要假裝買到便宜，其實心裡在淌血。

我舅舅跟舅媽受到西方教育影響，結婚的時候要戴戒指，但在日本時代，哪來的戒指可以戴？就「鐵絲繞圈成戒指」，把鐵線拿來綁一綁，裝個樣子就是了。

以前，結婚禮數中並沒有買一枚戒指定情這回事，是蒂芙尼（Tiffany）把戒指做成六爪，當作定情的象徵，大力推銷出去，這個行銷方法真的很厲害。日本人的話，當女兒滿十八歲，媽媽會送她珍珠項鍊，大陸現在則是有人在推女兒滿二十歲時送她手鐲，當作成年賀禮，這些在在都說明了，珠寶這一行賣的就是故事。

・・・

前面曾經提過，珠寶是消費與投資兼具的產品，跟買股票不一樣，還有其他的邊際效益。

第一，它讓你快樂，珠寶業是一個很特別的行業，買的人快樂，賣的人也會快樂。

第二，快樂之餘，它可以相當程度彰顯你的社會地位。不客氣地講，爲什麼以前有人戴著鑽戒去銀行借錢，比較容易借到錢呢？人的確是現實的啊。

第三，寶石有美的價值，有藝術美、工藝美，甚至還有文化傳統的面向，好的寶石經過大自然與人工的雙重磨礪錘鍊，可以怡情養性，可以讓心靈得到撫慰與寄託。你除了擁有它，更應該欣賞它，這才是比較健康的心態。

另外，像是如手鐲之類的珠寶，除了漂亮、保值外，還有另一層意義。它是一個環，可以保護你的手，萬一你跌倒，可以防止你的手直接撞擊到，幫你擋煞。所以說，手鐲斷的時候，有兩個人最高興，一個是戴手鐲的人，因爲手鐲代她受過，人平安；另外一個就是賣手鐲的人，因爲弄斷了對方會再來買一個。

我曾經送過一只玻璃種白色翡翠手鐲給一位馬來西亞的朋友，她有次不小心摔倒，手鐲斷掉了。她把斷掉的手鐲還給我，我都不敢跟她講說這個手鐲現在值多少錢了，只是在心裡嘀咕，妳還眞會戴，戴到把手鐲都摔斷了。

我太太也有類似經驗。她在學校教書，有一天從講台走下來，一腳踩空跌倒，「啪」一聲，她戴的一只二十萬手鐲就摔斷了。她還開心地說，這個手鐲眞好，要是沒戴，說不定手就摔斷了。我聽了其實心在痛，只好再買另外一只給她。

手鐲的損壞率比起其他翡翠來得高。像是蛋面或墜子，破損的機率就很小。一般的手鐲摔斷後通常就不要了，因爲已經幫人擋煞擋掉了，除非是非常貴的手鐲才會試圖修復，可能是鑲金鑲鑽，用Ｋ金把它包起來。但是這樣反而欲蓋彌彰，因爲這就代表這只手鐲曾經斷掉過。

我常常開玩笑說，如果妳戴的手鐲是幾千元、幾萬元等級，跌倒的時候就讓它斷掉沒關係，但手鐲如果是八十萬、一百多萬元，跌倒的時候記得要把手舉高高，寧願手斷腳斷，也不要斷手鐲。

・・・

只要是美的東西，自古以來就有人欣賞喜歡；稀罕的東西，自然就會有人追求收藏，正所謂亂世的黃金，盛世的古董翡翠，太平盛世，大家都喜歡買古董翡翠。像古代的玉，本來是一種祭祀的禮器，後來慢慢轉變成一種裝飾，人一旦功成名就後，就喜歡妝點自己，也把身邊的人妝點得更漂亮，藉由珠寶告訴人家，我的社會經濟地位可能稍微高一點。

人之所以會買珠寶，說穿了，基本上就是虛榮、保值跟比較這三種心態。

曾經有一個客人跟我買了一條很貴的珍珠項鍊，價值一百一十萬，算是很好的珍珠。二十年前的南洋珠很貴，現在就便宜多了。

過了一個星期我去找她，她說戴這個沒效，不漂亮。我問爲什麼不漂亮，她說戴出去都沒有人稱讚。我一聽也有點煩惱，因爲總不能派一個人跟在旁邊讚美說，這條項鍊好漂亮。後來過了一個月，她才又跟我說，你這條珍珠項鍊眞是讚。原來她去開股東會議，很多人稱讚她戴的珍珠項鍊好漂亮，簡直是國寶。這樣她就高興了。

所以，很多珠寶首飾是架構在人的虛榮心之上，其實也不能講虛榮，應該說是對個人事業成功的一種讚美跟肯定。但是話又說回來，這如果不是虛榮心，又是什麼？

有一次，我上電視節目做鑑定。有一位導遊小姐在台東買了一個圓圓的，好像印泥盒的東西，上面還刻了一條龍，我猜那個東西是放一點水，沾著可以數錢用的。她才買兩百元，結果我們一鑑定，價值十九萬，爲什麼？因爲它是一顆玻璃種的翡翠。

她說，那個賣家根本不知道這東西怎麼來的。賣家的哥哥是工匠，可能早期翡翠很便宜，就買來把玩，然後留了下來；不然就是他其實買得很貴，但是不好意思說，就騙弟弟說這個東西很便宜，而他弟弟也不識貨就是了。那個導遊小姐當時覺得好玩，用四百元跟賣家買了兩個。不過當然也有可能她明明買了比較貴的價錢，卻講得很便宜，在電視上秀一下，好讓別人來羨慕、稱讚。

「我不但要買得夠好，還要夠便宜，一定要比你便宜我才爽快。」

只要是人，就會有比較心，一有了貪嗔癡，喜歡活在人家掌聲中的男男女女就會現形，古今皆然。很多台灣人有這種壞習慣，即便買貴了，也要假裝買到便宜；同樣的東西，明明自己花二十萬買，別人花十五萬，也硬要裝裝樣子，說我跟你買的價錢差不多，我買十四萬多啦，所以你買十五萬不算太貴，其實心裡在淌血。

最容易比較出來的就是鑽石。當你買一顆同樣品質的鑽石戒指，人家只買三十萬，你卻買了四十萬，你作何感想？所以買珠寶一定要多比較。但是要比較類似的東西，比較時不要今天看個手鐲，明天看個墜子，後天有興趣的又換成了蛋面，那就沒得比了。固定的手鐲，連續比個五、六家，價錢其實就差不多出來了。

・・・

我在念逢甲EMBA時候，學到定位的重要性，這個觀念也適用在買珠寶上。買珠寶時，你要先定位自己買的目的是什麼，是買出去炫耀？還是買來求婚用的？如果是求婚用，買蒂芙尼白金鑽戒保證一試成功；你若去菜市場旁邊的銀樓買一顆鑽石戒指，求婚成功的機率我想就會稍低一些了（除非雙喜臨門，那又另當別論了）。

但是假如你剛好有一筆錢，不想隨便花掉，有保值的想法，你反而不要去買蒂芙尼，而要去菜市場旁邊的銀樓買。因爲後者店家比較小，利潤要求不高，你可以多問幾家，精挑細選，把價錢壓低就下手，這樣也有保值的效果。

至於很喜歡買珠寶的人，有幾個類別：

第一種，從小就喜歡珠寶，因爲小時候沒錢買，長大後有一種彌補心態。

第二種，場合需要，如參加扶輪社、青商會、獅子會之類的社團，也可能是因爲另一半的關係，需要在外頭社交應酬，不能老是戴同樣的珠寶去搭配不同的衣服。這類人一般財力都夠，會持續性地買珠寶。

第三種人，看到有人從買賣珠寶中獲利，想拿來當投資標的。

第四種人，針對國外客戶以及犒賞員工，會大量買小型珠寶。

第五種人，可能她以前從來沒買過，某些場合看到別人戴，以爲很貴，一問後發現，其實自己也買得起。有想買的念頭後，多問幾家就買了，有可能就此買上癮，會階段性的買珠寶。

早期的台灣，有人覺得貨幣不穩定，環境不穩定，就想用黃金、珠寶來保値，這種情況舉世皆然。就像越戰時期，南越有些人搭船逃難，沒有辦法拿著金條跑，就把鑽石藏在頭髮裡（越南人有盤髮髻的習慣），沒人看得到，一路逃到美國才拿下來，賣掉後的錢就拿去做生意、開超市；沒有帶鑽石的人，只好去當車衣工。

這些年來，台灣買珠寶的人的確在成長。有些人實力雄厚，一下手就買很高檔的珠寶，把珠寶當成服飾的其中一款，所以鑽石、祖母綠、紅寶石、藍寶石都會各買一顆，另外那些邊邊角角的小東西，例如柘帕石、葡萄石、水晶飾品等再買一些來搭配，戴出去就可以「展現國力」，這就是最健康的買法。

如果是那種從小就喜歡珠寶的人，就不是這種買法。這樣的人什麼都買，什麼都要，好的、壞的、眞的、假的，只要看起來漂亮，都胡亂買。可能有一天他會想說，把那些假的珠寶湊一湊，說不定有個三十萬元，如果能換一顆一克拉的鑽戒該有多好。但是年輕時他不會這麼想，年輕的時候就是想要擁有，就跟集郵一樣，什麼郵票都想要有。

2. 珠寶鑑價看人心

入行迄今，我花費相當多心力著墨鑑定這個領域。有鑑定能力，做起珠寶行業，當然更得心應手。珠寶是好是壞，是真是假，都離不開鑑定。但是做珠寶鑑定，人是最後一道防線，而非完全仰賴儀器。

我會開始學珠寶鑑定，主要是因爲那時候，我舅媽年紀漸漸大了，有老花眼，而我還年輕，視力好，就開始幫她看鑽石。當有批發商來賣鑽石時，我舅媽叫我看到有瑕疵的就剔掉，那時我不需要放大鏡，用肉眼就可以看得到鑽石有瑕疵。

其中，有些批發商會看人賣東西，他看你年紀大，眼睛可能有老花，就會把一些瑕疵貨摻在裡面，然後算你便宜一點。有些人貪便宜，可能就會買下來。當時大舅媽多了我這個小幫手，批發商若賣得比較便宜，我再把有瑕疵的挑掉，這樣他就沒賺頭了。所以他們會有意無意地貶抑我，批評說，你小孩子懂什麼？一副很不服氣的樣子。不過久了，他們就知道雖然我沒有讀ＧＩＡ，其實也受過相當訓練。其實珠寶這個行業，如果客人稍微對品質好壞有點疑慮，幾乎你就已經輸掉一半了。

・・・

我們在鑑定過程中，常常會遇到很奇妙的事情。

我有一個博士朋友，他的太太是越南僑生。這位博士朋友來我們店裡，講到他們家有一顆好大的亞歷山大石，是從蘇聯來的。當年中國曾經跟越南打過仗，越南有蘇聯軍事顧問團，蘇聯的國石就是亞歷山大石。這種寶石在不同光線下會變色，眞正品質好的價格不斐。他拿來給我看，果然是好大一顆，也會變色，結果一鑑定，測折射率，就發現這不是亞歷山大石，而是變色藍寶石，不過因爲有變色效果，也被稱爲亞歷山大藍寶石。可惜顯微鏡鑑定後顯示還是合成的，他的美夢馬上幻滅。這種事情其實很多。

還有早期時，白色翡翠很便宜，有人就把它染成綠色的，因爲綠色的翡翠才有人買。現在，很多人會把染色的翡翠拿出來鑑定，結果用紅外光譜儀一掃，發現並沒有灌膠，鑑定所就寫A貨。其實它不是A貨，而是染色的C貨。

萬一這個人見獵心喜，把染色的手鐲拿出來賣很高價，假定原來只能賣兩千元，他卻賣二十萬，結果買的人拿來給我們鑑定，卻發現是染色的，就去找那個賣家算帳。賣家其實也有點冤枉，他是因爲有那張證書，才想說可以賣這麼高價。

問題來了，本來預計只能賣兩千元的手鐲賣了二十萬，現在被打回原形，賣家這二十萬是不是得退回人家？有些人會爭到底，辯稱他的證書打出來就是A貨，跑來質問我們哪裡有問題？我們只能好好跟他解釋背後的原因，並且建議他最好予以退款。終究亡羊補牢也是一種誠實的表現。

也曾經有過一位滿臉病容的男客人拿了一些東西來鑑定，我們看過之後，裡面有假有眞，他想付鑑定費，我們怎麼會收他的錢呢？第二次，他又拿了一些東西來，說想賣掉，我們看了看，全部都是假的。第一次我們不收他鑑定費，第二次就花了五千元全部買下來，買下來做什麼？其實是當教材。

我們對他說，這個東西是假的，但是因爲朋友有需要，可以拿來當教材。當然沒辦法賣很多錢，五千元看你願不願意讓售？他很高興地同意賣給我們。我還開玩笑跟他說，你下次可不要再在路邊買一些假的，然後再來賣給我啊。那位男客人不過六十出頭左右，但感覺得出有病在身，而且病得不輕，對我們來說，開鑑定所也不是每一個來鑑定的都非得收費不可，有時候就是救急不救窮，能夠幫就儘量幫。

像是我有一次在高雄賣鑽石，客人要求開票，而且是分期付款，我還是接受了，因爲他是公務人員，我想應該不會有問題，後來也證明沒問題。有時候，做買賣也是一種賭注，也會有被跳票的情形，但我覺得還是要朝著光明面想，也許對方是眞的碰到困難。

・・・

當然也有貪小便宜的人。有客人來我們店裡鑑定，結果大概在兩萬五千元到三萬元之間，可是他買兩萬六千元，於是跑去跟賣家說，黎龍興說這個只值兩萬五千元，要求賣家再便宜一千元，或者要求退貨。雖然我們並非亂講，但是消費者刻意地斷章取義，最後也造成我們很大的困擾。這位客人會這樣做，可能有幾個原因：

第一，他可能是衝動型買家，買完就後悔了，或者是他的錢另有他用，又不想把珠寶回收，因爲會虧本，所以就用這個理由去跟原來的賣家抱怨，希望退貨。

第二，可能店家跟他說，你如果買貴了，我退差價。這個客人眞的很閒，於是到處去問。

第三，可能是跟人家比輸了，不是價錢比輸了，而是品質不夠好比輸了。她買了一個兩萬五千元的戴出去，跟人家十萬元的一比，當然是別人的比較漂亮，她很不甘願，一定又要好又要便宜，就想要退貨。想要退的話有很多方法及技巧，來鑑定所問也是一招。

我們雖然自己也有賣珠寶，但鑑定時也不會刻意把價錢講很低。一來故意把價格講很低，難道客人就會跟我買嗎？二來如果故意講很低，到時客人問說可以用這個價格賣我嗎？我不就虧了。所以很多來鑑定的客人都很相信我們不會亂講。

也有人會想說，你們又賣東西，又做鑑定，會不會有衝突？其實並不會。只要自己心態開放些，清楚大家共存共榮這個概念，就會很坦然。當然，人都是自私的，都希望別人的生意最好都跑到自家來，但就算全世界都沒有人賣珠寶，只剩你一家店，也不代表所有生意都歸你，而是代表這個生意整個瓦解了，完全沒有人買珠寶了。

只有你一家留著，別人全都關門，天下哪有這種好事！偏偏很多不聰明的人就這樣想，只要是別人的東西都講成很爛，這些人的思想都是簡單到極點。

・・・

從入行迄今，我花費相當多心力著墨鑑定這個領域。有鑑定能力，做起珠寶行業，當然更得心應手。珠寶是好是壞，是眞是假，都離不開鑑定。但是做珠寶鑑定，人是最後一道防線，而非完全仰賴儀器。

要做一名珠寶鑑定師，必須架構一些事情。

第一，他要膽大心細。

第二，他的學理基礎要夠，要眞的受過訓練，學經歷俱佳。

第三，最好曾經在商場歷練過，因爲來打證書鑑定的消費者，除了眞假之外，也想知道市場行情，但講行情得拿捏好，不能把本錢講出來。

第四，對產地要熟悉。出產珠寶的集散地、生產珠寶的地方、原產地等都要了解，爲什麼？因爲很多來打證書的是業者，他需要這些知識，你也要懂這些知識。這在在顯示，做爲一名珠寶鑑定師，不是只要會使用儀器來判斷就好了。

我有一個小學同學在某所大學兼課，都五十多歲了，有一天他請我教他鑑定，我說沒問題，但很好奇他爲什麼要學鑑定？

他說，因爲看我做鑑定好像還不錯，他想說學了之後，就可以幫人家開證書，每開一張就有多少收入，這樣多好。我跟他解釋成爲鑑定師的整個過程，他聽完之後就放棄了。他說弄到他都懂了，也差不多掛掉了！

3. 看準客人的動機與預算

珠寶是一門很深的學問，有錢人對他的錢很計較，沒錢的人一樣也很計較，每一個人的錢都很大，你要有好的服務、專業知識、價格優勢，才能吸引客人。但要知道客人的預算，最好是旁敲側擊。

我常常講，消費者的錢永遠是最大的。

有一次，一位計程車司機來買一顆一萬元的鑽石，想要用分期付款，一個月付一千元。他的收入並不多，爲了老婆十個月後的生日，他想送她一顆小鑽戒。我的鑽戒就算兗成本，賣了也才賺他一萬元。但是，這個計程車司機一個月花一千元，這個錢到底大不大呢？我覺得很大啊！

但是如果有人說想買一克拉的鑽石，預算卻只有三萬元，那就不要跟他玩了，這根本是浪費時間，不可能做得到。他把他自己的錢看得太大了，超過合理範圍，大概只是來抬槓而已。

有錢就戴勞力士，就開雙B名車，戴珠寶，這可以滿足心靈的另外一個層面。問題是，當妳戴一顆假的蘇聯鑽，大大的，很閃亮，人家問妳多少錢時，妳可能就尷尬了，講不太出來。任何東西，天然的一定比人工的貴上許多。人的虛榮心就是想要贏過別人，人之所以爲人，就是因爲還會擁有這種慾望，但是戴了以假亂眞的珠寶，就怕遇見行家。

・・・

珠寶是一門很深的學問，有錢人對他的錢很計較，沒錢的人一樣也很計較，每一個人的錢都很大，你要有好的服務、專業知識、價格優勢，才能吸引客人。

但是客人的預算到底有多少，最好是旁敲側擊。如果是朋友介紹來買鑽石的，可以先問一下介紹人，那個客人大概預算有多少，因爲直接問有時候眞的非常尷尬。

舉例來說，有個阿桑帶著準媳婦來買鑽石，你總不能直接問她，妳的預算是十萬、二十萬還是五十萬？準媳婦會心想，最好是買五十萬的，準婆婆會想，看有沒有五萬以下的。這樣不是很尷尬？所以最好能事先或私下了解。

如果準婆婆說，我的預算就是十萬，那你就挑十萬以內的來推銷。你可以私下告訴她，只會賣她最多十萬或是超出一點點的，但是會故意把價錢講成二、三十萬，好讓準媳婦高興。除非準媳婦常常逛珠寶店，不然怎麼會識破呢？

我會故意跟這位婆婆說，妳是某某某介紹的，算你便宜點沒有問題，可以算三十五萬，還要再算便宜一點哦？好吧，大家交個朋友，最低就三十二萬。然後把她準媳婦支開一下，跟準婆婆說，她買的這個就是講好的十萬。

我們常常會跟買家套好招，因爲你要搞清楚出錢的人是誰，不能像個二楞子，拚命向媳婦推銷。她又不是出錢的人，講到最後，只是讓小倆口吵架而已。

「你媽只肯出十萬啦，那剩下二十萬我自己出好了！」

如果講出這話就很難聽了，對不對？要不然，準媳婦出招，對未來的先生說，你媽只出十萬，可是我就是要買那顆三十萬的，這個二十萬的差額以後我們慢慢奮鬥，把它補起來，錢叫你媽媽先出啦。

問題是，婆婆有三個兒子，大兒子可能心想，以前我結婚只買十萬的，現在弟弟爲什麼可以買三十萬的？他哪知道這二十萬是弟弟他們自己要出的，連大媳婦也不相信啊。老三也可能心裡想說，按比例增加，等以後我結婚要買五十萬的。結婚本來是好事一椿，現在爲了買一顆鑽戒添麻煩，弄得大家都不開心。

我有客人就因爲買訂婚鑽戒，吵到後來，乾脆不結婚了。

有一對要結婚的準新人，女方的朋友介紹她來我們店裡買鑽石，結果一看，男方居然是我的同學。我同學家裡開鐵工廠，也不是沒錢，但中間過程感覺女方好像在賣女兒一樣，一下要這個，一下要那個，累積了很多不愉快，最後氣氛愈來愈差就鬧翻了，拿訂婚戒指來退。

通常我們回收是打八折。但是碰到這種連婚都還沒結就拿來退的，就只會意思意思收個工錢而已，避免在傷口上灑鹽，何況又是自己同學。

・・・

來我們店裡的還有一種人，這種人會帶一群人來看珠寶，他想要彰顯的，除了社會經濟地位，還有品味跟專業知識。簡單講，就是要來當意見領袖，來當老大要威風的。通常這種人都是領袖架勢十足，信口開河，隨便講一大堆，但是講出來的內容多半只是道聽塗說，想當然爾，大多數都是錯的，「姿勢一百，考試零分」，我們也不能當面批評他，只能在心裡暗中嘀咕。

也有些人知道珠寶的專業性很強，知道擁有正確、客觀的鑑定，才能夠為珠寶帶來相稱的評估價值，但他們卻只想從你這裡挖掘有用的訊息，讓你做免費顧問，並不是眞心想買。

他們來時可能會說，想要在這裡打很多證書，請我們鑑定寶石是眞是假，鑑定完以後卻說還要再考慮，以後再打證書好了，結果我們等於免費幫他看。鑑定一件也要三百元，所以後來我學乖了，先收錢再鑑定。還有人則是明明來鑑定的，卻假裝說要來賣你東西，讓你不好意思跟他收錢，鑑定完後卻說不賣了。真的是人有百百種。

珠寶業絕對不是用價錢在做殊死戰，它牽涉到很多層面的人性。很多人可能到店裡看時會說，我半年後想買一顆鑽石送太太，現在先來看看。我們一聽，大概都知道這是隨便講講，真正會買的人其實就會下訂金，這很容易辨別，因爲我們去買貨也是如此。

4. 要比別人多一分勝算

經營管理學上講：人無我有，人有我優。會不嫌麻煩，載客人去百貨公司比價，這樣子的珠寶店應該算是少數吧！當別人沒有的時候，你就要有，才會多一份勝算。

有很多關於珠寶的話，是我根據多年經驗自己定義出來的，然後我的學生也會琅琅上口，比如說「好的東西會自己賣自己」。基本上，珠寶這種東西無所謂貴或便宜，只有好不好。但真的沒有貴跟便宜的區別嗎？其實也不盡然。

所謂要買到便宜的珠寶，這是相對論，買到的東西，不要說一模一樣，但是基本上要類似，還要在感受上覺得便宜，那才能叫做便宜。

首先，你要懂珠寶，你如果不懂，拿了一塊很翠綠的翡翠，去跟染色的翡翠比較，當然比較貴。要如何讓客人覺得便宜，這需要技巧。台灣是一個很競爭的社會，你想賣東西，價錢就要有競爭力。

・・・

其次，要到百貨公司多逛逛，而不是到一般店家，因爲百貨公司要抽成，要開發票，一定賣得比較貴。

去百貨公司逛要有所本，不能亂逛，比如說你要看的是與自己店裡面類似的東西，如大約是五十分的鑽石墜子是不是有GIA證書？價格大約多少？下次客人來店裡，你就可以跟他說，這個東西在某某百貨公司賣八萬五千元，我只算你五萬五千元而已。這時對方再跟你大殺價就沒道理了，但是通常客人會要求再便宜一點。

我一個同學的媽媽來店裡，聽我講起跟百貨公司的價差，她提出質疑。我就說，林媽媽，沒關係，我現在馬上騎摩托車載妳去看。我們就去了，因爲我眞的逛過。她一看，果然那個擺在櫃子裡的五十分鑽石，要價就是八萬五千元。

店員小姐跟我們說，可以打九折，但不是現金折扣，而是給一折的抵用券，讓你下次抵用（這到底是眞打折還是假打折，我就搞不懂了）。

就算眞的打九折吧，算一算也要七萬多，林媽媽看完後二話不說，直接回到我們店裡，這時再講一下價錢，就算稍微再少一點也沒關係，因爲你的目的已經達到了。其實客人心裡已經想買了，只是去百貨公司再確定一下。

經營管理學上面常講：人無我有，人有我優。會不嫌麻煩，載客人去百貨公司比價，這樣子的珠寶店應該算是少數吧！當別人沒有的時候，你就要有，才會多一份勝算。

舉例而言，剛開始很多珠寶店只賣珠寶、黃金，不幫客人做簡單的鑑定或解釋，那時我們就有顯微鏡這些鑑定儀器，凸顯差異性的服務。當別的店家都發覺需要提供這種服務，大家都有顯微鏡了，「人有我優」，我們就要更精進，比如說讓店裡的銷售人員去考鑑定師考試。再往上提升，才能不斷保持強大競爭力。

從前的人買珠寶，都是因爲朋友的阿姨、同學的親戚在開珠寶店，就去跟對方買。現在這樣的人變少了。大家都很聰明，會先看廣告，看造型，如果不懂，會去問親朋好友，誰買過，誰內行，還會上網搜尋，多方面考量才下手。

・・・

像我們傳統的珠寶店，也要跟有品牌的連鎖珠寶店競爭。比如說京X鑽石，你如果要到連鎖店裡看一克拉的鑽石，得先約時間，因為可能沒辦法每一家店都擺那麼多一克拉的鑽石，這樣子的話，時效性就會變得比較差，而且，店員對於專業知識的了解與解說能力通常不是非常到位，他們反而比較重視行銷話術。

我曾經思考過，要在中部地區成立一家鑽石公司，每一家店都是直營店，所有的店員、店長都是股東，且都交叉持股，店面位置都開在連鎖店旁邊或附近。因為我曾經問過來我們店裡買鑽石的年輕人，大約有六〇%的人都去連鎖店看過。假定你要結婚了，去連鎖店看鑽石，看見隔壁還有一家專賣店，你會不會去看看？

另外，我會再成立一家控管公司，到國外大量採購，買得多，成本當然比較低。當客人要來看一克拉鑽石時，一般店家一克拉的鑽石可能只擺個一、兩顆就不得了了。假定在豐原的店裡，來了一位客人購買意願滿高的，我們公司的業務人員背包一揹，裡面裝了五十顆一克拉的鑽石，從台中市區殺到豐原，半小時就到了，直接拿五十顆給客人挑。

除非是來亂的，或是「沒錢看心酸的」，要不然，客人看到這麼多顆可以選，一定會買，成交的機率一定大很多。如果在這家店成交了，因為其他的店也都是股東，大家都有賺頭。

再來，這些直營店都不能向外面進貨，統一由公司大量進貨、製作。為了要跟連鎖店區隔，每個股東一定都要讀過ＧＩＡ，通過鑑定師考試。這年頭，年輕人找工作不容易，鑽石公司的頭銜在社會上的評價也很高，相信一定有很多人願意參與這種營運模式。

這樣的直營店台中市區只要三家，其它大概就豐原一家，大甲一家，沙鹿一家，大里一家，太平一家，總數不超過十家。假定一個人投資五百萬（這對一些人來說並不是很困難的事），用這種方式成立公司，大家都交叉持股，慢慢拓展，慢慢壯大，就有機會變成一個品牌。

另外，因爲都是鑽石，幾乎沒有貨底，萬一要結束清算時，就全部變現。這樣做的意義有三個，首先可以爲國家創造稅收，第二，創造就業機會，第三，我也可以將自己的專業知識傳承下去，實現書本所學的概念，眞的付諸行動，好處應該不少。

我曾經眞的很想實際用這樣的方式開店試一試，但是冷靜一想，現今台灣人口逐年老化，甚至幾年後就會開始減少，這樣的計劃在人口紅利較多的國家施行，勝算可能會更大一些吧。

5. 調整心態不上當

珠寶有其專業性，你可以固定跟同一家買，打好關係，店家會告訴你有關珠寶的方方面面。除非他不想再做你的生意，跟你亂講一氣；如果覺得他在胡扯，最後你也會走掉。

台灣人買東西，有一些奇怪的特性，比如你知道朋友買了一顆鑽石，花了十萬，假定品質是HVVS1，我就想用九萬買到，這樣才算贏朋友，才有一種爽快的感覺。下一個人就想用八萬買到，才能勝過前面兩個人，最後逼著店家只能騙你，像是把成色膨風，原來是K色的，就告訴你是H色。

很多人就是這樣，一定要買得比人家便宜，潛意識裡就是要贏過人家。我上電視節目鑑價，看到有人明明應該是買了三十萬，還硬要吹牛說只買四、五萬，讓大家投以羨慕的眼光，稱讚「你好厲害，買得好便宜哦」，so what？

爲了要呼應這種奇妙的心態，逼著商家只好配合做假，做一張張假的證書，上面寫滿了英文，告訴你珠寶的等級有多麼厲害。

有一個客人買了一顆兩克拉的鑽石，黃黃的，他說是F色，只買四十幾萬，F色再怎麼便宜也要賣一百二十幾萬，有哪個笨蛋會把金條當作銅條便宜賣？我跟他解釋，店家只是讓你覺得你買到很便宜，其實這價錢只是原本等級的行情價；他就說好在沒有被人家貴去。我問有沒有證書，他說有，但並不是GIA的，我一看那個證書，根本就是店家自己印的。

他生氣了，問店家怎麼可以做假？我說，那是因爲被你要求的，你要買一顆F色的，原本要賣一百多萬，你卻要在價錢上贏人家很多好去炫耀，除了騙你，眞的沒有別的方法了。

所以，許多人沒有評估好東西的概念，只想喜孜孜地「贏過」周遭所有人。有這種心態的不只台灣人，大陸人也很多，結果導致仿冒品變多。日本人的話，東西賣貴沒關係，但是要買，就要買眞的，錢若不夠，大不了不買，等存夠錢再買，這種文化就跟台灣差很多。

・・・

所以消費者想買珠寶不上當，首先就要調整自己的心態。

第一，當然是貨比三家。但是比價時，要比大小品質都相近的，這樣比較出來的價格才會精準，才有意義。除了價格，還要考慮品質。但你不可以因爲有一天「意外」買到一個很便宜、品質又好的東西，以後都想要比照。如果你一輩子只買一顆，那就無可厚非；如果你是生意人，千萬不能有這種心態。那是偶爾遇見的一次煙火，可遇不可求，只是一個過程，千萬別把它當作進貨的永恆比較範本。

第二，跟誰買很重要。不具專業知識的人常會挑好賺頭的貨品先行推銷，無法給你中肯的建議，例如，鑽石的周轉率比較高，但若要看長期投資效益，翡翠則更好。

第三，最好賣你珠寶的人本身財力要夠。萬一有一天你需要周轉，他才有辦法配合。如果一聽到你要周轉，把珠寶拿回來賣，就把門一關不理你，那就麻煩了。但是請注意，一些有名氣的名牌珠寶其實是不回收的。

買珠寶是愉快的事情，但是很多消費者買東西，卻好像是找機會來吵架的。有人隨便買了兩本書看，就來跟你賭氣，看你有沒有比他還厲害，這簡直是在浪費時間。假如你眞的很在意某些事情，就去名牌店買，貴一點也沒關係，因爲名牌店該有的保證都有，也滿足你的虛榮。買了開心就好，何必在那邊跟人家大小聲？

另外，有一件事也要了解，講實話，假如店家眞的有好東西，很便宜，他會選擇賣你嗎？並不會。每一家店通常都有一些好客人，我爲什麼不賣他，要賣你呢？畢竟你久久才跟我買一次。所以你要打開心胸，假如你眞的買到便宜又好的珠寶，要心存感謝；假如沒有，那就照正常價格。

如果你長年累月在買，當然你會得到特殊一點的待遇。就像你長期去一家餐廳吃飯，久了之後，店家偶爾也會招待小菜一碟、滷蛋一顆，別人可能就沒有。熟客才是最好的客人。管理學常常說，經營一個新客人要比經營一個老客人多花七〇％的時間與資源，這是有根據的。所以，假使你是一個買珠寶的新手，有老顧客的帶領，通常你獲得的待遇一定會好很多。

所以，我不贊成這家買一點，那家買一點的模式。你應該固定跟同一家買，這就跟有自己的家庭醫生是一樣的道理。畢竟珠寶有其專業性，你要在很短時間內了解所有的面向並不容易。如果你固定跟同一家買，打好關係，店家會告訴你有關珠寶的方方面面。除非他不想再做你的生意，跟你亂講一氣；如果覺得他在胡扯，最後你也會走掉。

・・・

貨比三家說起來也很簡單，前面有提過，最重要的是拿同樣的東西來比。如果你要買一顆三十分的鑽石，就不要這一家比三十分，那一家比一克拉，下一家比五十分，這樣子是比不完且沒意義的。

把你想要買的重量、等級想清楚，再到處去問，自然就會知道行情。不過有些店家也很警覺，知道你是來問價錢的，可能會故意講得很低，所以你這時可以問店家，假如這麼便宜，那有現貨嗎？

「一克拉鑽石，外面都賣二十幾萬，我這裡一克拉賣九萬八。」

「那你拿出來給我看看？」

「沒有哦，我剛好賣掉了。」、「我一年後就會有喔。」、「剛好有人跟我調去了，等我有的時候再通知你。」

講出這種價錢，但又沒有現貨，擺明就是要來破壞別人生意。這個店家可能沒有賣鑽石，只有賣翡翠。他的心態就是，我吃不到，別人也別想吃。商業品格不高尙的店家也大有人在啊。消費者要愼思，千萬不要聽了就信以爲眞。

就算是百貨公司的專櫃，一樣也要小心別被騙。

百貨公司要抽成，售貨小姐也要抽成，在那裡你想買到比較便宜的珠寶，只有兩個方法。第一，售貨員會跟你說，不要在這裡成交，我帶你去我們公司買，這樣就不用被百貨公司抽成。第二，就是騙你。這個東西明明沒有到這個等級，但騙你說有。

三十分的ＤＶＳ２的鑽石一顆，正常要兩萬八千元到三萬五千元，只賣你一萬兩千元，不騙你難道還有別的方法？鑽石你又不懂，且證書在等級上灌水也是時有所聞（當然，那一定不會是ＧＩＡ的證書）。

像是鑽石的報價表，有分圓形鑽石跟花式車工鑽石，圓形鑽石報價比較高。假如店家賣你一顆花式的鑽石，但是用圓形鑽石的報價表唬你，然後折扣打低一點，你誤以為討到便宜，其實說不定還買貴了。

就像有人賣蜂蜜，大大的招牌上面寫著「不純砍頭」，砍誰的頭？大家都開玩笑說，砍蜜蜂的頭啦！像這種蜂蜜，不太純的機會恐怕也很高。

6. 投資珠寶獲利有要訣

珠寶跟買房子一樣，沒有貴不貴，只有買得起買不起。想要當收藏家，從投資珠寶中獲利，有四個要訣，就是：「看得到，買得到，搞得久，賣得出。」若是亂槍打鳥，到處亂買，獲利機會並不大。

至於想從珠寶投資中獲利，亂槍打鳥，到處亂買，機會並不大。若眞的想要投資，可以將自己設定爲投資家，善用多方關係，運用知識，才有機會買到物超所值的珠寶，長期收藏，然後在未來適當的時機售出，以期獲利。

至於什麼時候才是買珠寶最好的時間點呢？其實，最好的時間點，就是你有錢、買得起的時候。買珠寶跟買房子一樣，沒有貴不貴，只有買得起買不起。

想要當收藏家，從投資珠寶中獲利，前面有提過四個要訣，就是：「看得到，買得到，搗得久，賣得出。」

看得到指的是，想要買的時候，能夠遇得到那個東西，所以平時可以多看，多涉獵，自然有機會看到好珠寶。買得到，就是要有足夠的預算，否則就算一個價值五百萬的東西只賣你兩百萬，可是你口袋只有十萬元，那也沒用。

再來要搗得久。有些人就是太急性子，無法等到珠寶價格變動趨勢中的高點，自然沒有辦法賣到好價錢。

我有一個客人以前買過一只手鐲，多年後，店家想跟他原價買回，理由是之前賣的這個手鐲有一點問題，有一點小B，因爲現在大陸景氣很好，可以拿來賣大陸人，多少賺一些。那個客人來詢問我的意見，我就說，那個手鐲一定又便宜又好，放了這麼久，價格恐怕漲翻天了。

店家老闆跟我那個客人說，忘記當初這個手鐲賣多少錢，不然用兩萬跟你買回來如何？店家其實是在試探對方，我那個客人就說，你當初賣我五萬耶，老闆一聽心中大致有個底，七講八講，最後客人居然也同意五萬元賣回去給老闆。我評估，那個手鐲店家隨便也可以賣個五十萬，最差也有三、四十萬的行情。

那個老闆其實就是用一套話術去唬客人。我心想，如果賣你假東西，他躲都來不及了，幹嘛還回來找你？跟你承認賣假東西，還買回去？還去騙大陸人？這個邏輯實在很不通。

・・・

也有的東西眞的是好，也放得夠久，卻跟客人都沒有緣分。

大約四十年前，我還沒有在統一珠寶上班時，我舅媽有一次買到一個非常漂亮的翡翠蛋面戒指，她的習慣就是買到好東西就想要到處找機會賣，於是叫我媽媽到台北去賣給人家介紹的一位小姐。那個戒指本錢要三萬七千元，後來我眞的看到過這個翡翠，就是漂亮，沒話說。

那時候，我媽一大早就從台中坐火車到台北，結果那位小姐那天在打麻將，輸了錢不開心，於是反悔不買了。我媽也很無奈，只好把戒指又拿回來。

之後，這個翡翠蛋面戒指在店裡擺了很久。那個年代通常都是開銀樓，賣金飾的多，珠寶店很少，整個台中市沒幾個人知道什麼叫翡翠。大家都不懂，連我舅媽也有點懷疑這東西到底好不好？但是我舅媽是個求知慾很強、喜歡嘗試新東西的人，像是電氣石、金綠玉貓眼石、亞歷山大石等，當年這些大家都不懂的稀奇古怪的寶石，她若知道了，都會買來試試。

這個翡翠經過很多年都沒賣掉，有一天，我舅媽叫我把這個翡翠定價從五萬改成十萬，因爲她覺得隔了那麼多年，應該要漲價了。

又過了很多年，還是賣不掉，後來我舅媽一火大，就把價錢直接改成五十萬，然後又變一百萬。到了標價一百萬時，還眞的有人還價五十萬想買。可是我舅媽卻不肯賣了。因爲開價一百萬，還價五十萬賣掉，感覺怪怪的（那個時候我們店通常都是照定價打八折在賣）。後來那個客人說願意一百萬買，可是我舅媽已經決定把翡翠送給住在美國的大表姐，而且翡翠價錢也水漲船高，就說不賣了。所以，買東西也要靠緣分，客人一直強求，老闆不賣你，你也無計可施啊。

像我們店以前對面是服飾店，賣的領帶很漂亮，一條兩百二都沒人買，老闆有一次跟我聊天時，愈聊愈火大，就說，好，我在價錢前面加個一，一條變一千兩百二十元，然後打叉叉，寫特價三百六十元，結果，光那一天就賣了十條。這社會到底怎麼了？其實就這樣子啊！人性的弱點！你讓客人覺得占到便宜，他就會乖乖掏錢出來。但到底有沒有眞的占到便宜，眞的很難說。

很多時候，大家根本不懂東西的品質，純粹看表面，還有流行趨勢。所以，如果你要把珠寶當成投資標的，你必須要懂，而不是隨著人家的指揮棒起舞，這樣很危險。

那顆翡翠若是當初有人花五萬買下來，不就賺翻了嗎？站在店家的立場，這個東西那麼久都賣不出去，顯見並不好賣。當然那時我們對翡翠的概念沒有現在這麼透徹，只知道是好東西，但是好東西未必就好賣。所幸翡翠後來漲翻天了，結局是好的！但也一半是運氣，我們並不是神機妙算，早知道翡翠會一直漲，乾脆大量屯貨不也快哉！

莫名其妙好運氣，買到便宜好貨的事情，當然也有。

我有一個學生，有一次花了兩萬五千元買到一個花梨木的珠寶盒子，裡面紅的、黃的、藍的、綠的寶石都有。他問我，老師，我買的這個東西不錯吧？我說不錯，這個盒子不錯，其中有一顆寶石霧霧的、白白的，這個你要不要賣？我跟你買好了。我學生說，老師，你不要跟我開玩笑了，那到底是什麼東西？

我說，那是一顆古董鑽石，其他亮亮的、綠的、紅的、藍的都是假的，只有這顆鑽石是眞的。後來那顆古董鑽石重新琢磨過，磨了一顆二．〇五克拉的鑽石，賣了二十八萬元。這純粹就是好運。

・・・

假如想從事寶石投資，你要買的寶石，我覺得不外乎兩個選擇，第一，要漂亮，品質要夠好。第二，要大。因爲這兩種都稀有。

寶石當然是物以稀爲貴，漂亮的跟大的寶石都很稀少。並非每個人都是天生的珠寶販售好手，你投資的寶石，萬一有一天要賣掉，你並不會賣，只好由它來幫你賣。所以又是那句老話：好的寶石本身自己就會賣自己。

不過，大顆珠寶有時就投資來說不一定絕對好，也要看個人情況。像是有位客人想買大顆鑽石來投資，來我們店裡看看。了解他的情況後，我建議他，買大顆鑽石是不錯，但你有三個小孩，未來總不能把鑽石切成三份吧！一顆大鑽石切割成三顆小鑽石，可能就虧大了。再來，你若想要賣，能買得起這顆大鑽石的人不多，你可能的買家選擇性很少。第三點，鑽石金額若很高，想買的人一定會用力砍價，你又沒有足夠的專業知識，不容易賣成功。

我建議他，假如眞要花這個錢，還不如買一克拉的鑽石，買個十幾二十顆，做成一個套鍊，很好收藏，整件也是很大的珠寶。將來這個鍊子如果要分成三份也比較容易，萬一要賣，損失的金額也會比較少。因爲很多人都買得起，就代表差價不會太大。但是客人聽了也不置可否。

過了半年多，這位客人又來找我，這次他就買了十二顆一克拉的鑽石，看來應該是有聽進我的意見了。他可能問了很多人，最後想想，還是我的建議比較好。

大部分銀樓或店家可能會希望一輩子能夠賣一件很大件的珠寶，來當作人生的一個註腳，也一戰成名，可我從來都不會這樣想。做生意要像鴨子划水，毛毛雨下久了，地上也會濕，我是這麼想的。所以，何必想賣一顆特大號的珠寶來炫耀呢？消費者若想買珠寶投資，要畢其功於一役，也需要很多條件配合，未必有那麼容易。

某種程度來講，購買珠寶是一種很方便的隱匿財產的方法，也算是一種投資管道，前提是你必須眞的很懂各方面珠寶的知識。我們就有客人買到人家認爲他是別的珠寶業者派來的，其實他只是一直買，買到非常內行，成了業餘專家。不怕買貴，只怕買錯，只要你買對了，的確一段時間後，珠寶的價值會水漲船高，去反映那個時候的貨幣價値，長期來講也不容易吃虧。

7. 人生的指導教授：低調的董娘

有些人對好客人的定義，大概就是向你買很多東西，讓你賺很多，又不囉唆不麻煩。但對我來講，董娘就是最好的客人，她的身教言教，讓我更懂得用智慧與寬容來面對人生。

做珠寶數十年，除了大舅媽教了我很多之外，我還有幸能夠結交到一個我人生中最重要的指導教授，她影響我很深。我大概有十來年的時間，每個星期都去找她聊天。她過世時是九十四歲高壽，走了大概也四年了。

這位董娘家住在大甲。我去大甲中央扶輪社演講時，會說我最重要的人生指導教授就是大甲人，大家都覺得很親切。另外，我們台中東友扶輪社辦授證時，董娘的兒子也受邀前來，看到我時，對人直說他媽媽跟我很熟，說我是個大顆鑽石，害我很不好意思，因爲我在扶輪社的名字就叫Diamond。

・・・

這位董娘年輕的時候，曾經窮到吃飯沒配菜，只拌豬油，若沒有豬油，就加醬油，要是連醬油也沒有，就摻一點鹽巴、味精。她告訴我，鹽巴乾炒過會變得很香，也能配飯，讓人吃得津津有味。

以前的人省錢招數眞的很厲害。她怎麼存錢的呢？她會把先生給她的家用分成三十五個小口袋，每天用一個口袋的錢。假設每一個口袋裡有十塊錢，代表每一天只能用十塊錢，一個月以三十一天來計算，就有三十一個口袋，第三十二、三十三、三十四個口袋是生病時、婚喪喜慶紅白包要用的，第三十五個口袋則是要存起來的。

她告訴我，以前的人比較節儉，每個口袋裡的錢絕對不會都花光，如果只花了七、八塊，剩下的錢就拿到最後一個口袋存起來；這個月如果沒人生病，沒有紅白包，這幾個口袋裡的錢又存起來了。

她就這樣一直存錢，存到有一天，先生說想買一間店面，可是要花十幾萬，她就說她有這筆錢，把先生嚇了一跳。兩人歡喜地把店面買下來，成了他們的起家厝，這個房子現在還在。這位董娘就這樣子聚沙成塔，居然經營出一整個大企業。

以前，她會常來我們統一珠寶行，那個時候她們家已經非常富有，她最有名的一句話是：「超過十萬的，不要拿給我看。」她只買十萬以下的珠寶。她雖然這麼有錢，可是還是不顯山露水，低調就是她的風格。

而且她很會照顧人。像她的司機載她出去，偶爾違規收到紅單時，她都直接把錢拿給司機，叫他私下繳掉，不要讓公司付這筆罰款。她的司機跟我說，收到罰單公司雖然會出錢，但是他會被記點，影響到年終考績，所以董娘才會自己出錢叫司機處理掉。

董娘後來年紀慢慢大了，身體不舒服，就聘外籍看護來照顧。看護都是兩年來一個，印象中應該有過六、七個看護，其中有的還跑掉了。有兩、三個做得不錯，要回國的時候，董娘就叫她們來店裡買金子，還買衣服給她們，寄了好幾箱回去，好像自己女兒出嫁辦嫁妝一樣。她就是這麼一個心存善念的長者。

她有一個員工離職後，創業做奶油酥餅，大甲奶油酥餅就屬裕珍馨最有名，她的員工剛剛創業當然比不過，她就隨時跟那個員工買很多盒放在家裡，如果有人來家裡，就一盒一盒的送。連離職員工她都這麼照顧，而不會說理念不合，就老死不相往來。

「人情留一線，日後好見面。」這就是她常跟我講的話。

她沒有架子，對人不會有差別待遇，把大家當朋友一樣在交往，用精神來感召大家，絕對不是拿錢來收買，且完全沒有貴氣逼人的樣子，相當不簡單。我印象中，她固定跟某個魚販買魚，魚販並不是因爲她是董娘而故意奉承她，同樣的魚賣給別人也是一樣的價錢，只因她是常客，而且從來不挑三撿四，永遠都只有稱讚，不曾有貶抑。所以有時別人要跟魚販買某條魚時，魚販就說這條魚是董娘要的，要留給她。工人來他們家做園丁，她也都會煮東西給人家吃。

・・・

她曾跟我說，每個人的人生都是一本書，厚薄都不同，生命長短都不一，不過我們有幸共同寫出幾頁篇章，這是我們的幸運，所以惜福是很重要的。我的書本可能跟你的書本一樣厚薄嗎？或者打開來永遠都一模一樣嗎？當然不可能。全世界的人，就算是雙胞胎、連體嬰，他們的人生也不見得完全一樣。

她的兒子每個都掛董事長，工作皆十分忙碌，但就算明天要出國了，還是會乖乖回家向媽媽報告，也常常回來陪她吃早餐，隨時探望。

她晚上有時候會叫我去，我常聽見兒子從國外打電話回來向她問安，孫子在美國也會常打電話問候阿嬤，這樣的家庭凝聚力眞的令人佩服，有的家庭就沒有這種幸福感。她的家族成員像放風箏一樣，雖然人人遠遊，但是每個人都心悅誠服，願意把線頭扣在她手上。

她買東西，也會跟人家出價，像是扶輪社去日本玩，她就會向店員爭取五％的折扣，日本店員跑去問部長，最後同意打折，她就很得意。她就跟平凡人一樣，會從許多生活小事中得到樂趣，而且平等看待世間萬物。像這樣子的人，如果一輩子能夠遇到一、兩個，長期交往，眞的會讓你獲益匪淺。

除了人生智慧，我也從她身上學到許多生活上的學問。我最記得吃肉粽的事了。「龍興來，這個肉粽給你吃，有夠好吃，古早味的肉粽。」一打開來就是一大塊肥豬肉，我差點昏倒。她說，古早味肉粽就是這一味，我說不想吃，太肥了。她就說，這古早味的最好吃，最後我還是乖乖吃掉了。她也教導我如何選購許多南北貨，例如海參要選厚實一點的、高麗人參要買硬的、美國粉光參要買輕一點的，也教導我如何煮蔥燒鯽魚，如何做好吃的台式蘿蔔糕。

有些人對好客人的定義，大概就是向你買很多東西，讓你賺很多錢，又不囉唆不麻煩的人。但對我來講，這位董娘就是最好的客人，她的身教言教，讓我更懂得用智慧與寬容來面對人生，說她是我人生的指導教授，一點都不爲過。每次只要一想到她，我的眼眶中常不自覺地泛著淚水。

8. 人人都是好客人

何先生的故事讓我感觸良多，讓我深刻了解人生不是只有錢，用真誠付出才會有更多的回饋。偶爾，在我的腦海裡還是會浮現出何先生那一幅髒兮兮、油膩膩的身影。

常有學生問我，老師，如果碰到奧客你會怎麼辦？我的回答是：在我的眼中，沒有所謂奧客這種事。如果有人來你的店裡，一直嫌東嫌西，那也不會是你的客人；他有時候只是來比價的，也稱不上奧客。像早期在統一珠寶行工作時，常有客人來問某顆鑽石多少錢，叫我們寫一張估價單給他，說要回去慢慢考慮。其實客人是拿這一張估價單在台中市到處比價。

你店門打開，人家願意走進來，哪有什麼奧客不奧客？關鍵在於你有沒有打開心中那一扇門，來與客人好好應對。

至於難纏的客人一定會碰到，有人就喜歡貪一點小便宜，但是台灣話有一句俚語「臭焦補無熟」，什麼事平均一下就解決了。這句話是以前我們店裡歐巴桑最常講的。她雖然沒有高學歷，但是偶爾在旁邊幫忙打打邊鼓，常常也會讓客人覺得很受用，覺得自己就是買到了那個燒焦的、比較便宜的東西。

其實，這一路走來，也眞的遇到很多好客人，或許往來的時間並不長，但是他們卻會在你的心靈占據一塊小小的角落，也爲你的人生畫布留下一抹鮮明的痕跡。

以前台中市大明中學的董事長盧精華就是其中一位讓我難忘的人。盧校長是位藝術家，筆名谷風，他一喝起酒來，寫的字就龍飛鳳舞，非常漂亮。他太太是我們的客人，我們偶爾會拜託他太太向他要字，他很高興，我們也會回贈小禮物，禮尙往來！

有一次，我們賣給他太太一顆鑽石，她稍微還了一點價，盧校長就說，哎呀，不要給人家還價，人家也要生活啊！這顆鑽石的確切賣價我忘了，假設是九萬五千元，盧校長就拿出支票簿來說，你賣九萬五千元有賺嗎？要不然這樣，我開十萬元給你好了。我們連忙說不用不用，九萬五千元就好了。

眞的很難想像會有這樣的客人，所以讓我印象深刻。畢竟這是買珠寶，不是在買菜。買菜的話，買九十五元，拿一百元出來，說五元不用找很平常。但是，盧校長是講眞的，他的個性就是如此。有人視錢如命，一個錢打二十四個結，可是像盧校長，他有文人氣息，不會把錢緊緊握在手裡，捨不得花用。

據說當初很有名的畫家席德進在落魄的時候，盧校長也資助了不少，所以他有很多席德進的畫，後來還擔任席德進基金會的董事長，推廣社會藝術活動。我有一個學生做古董字畫買賣，也受到他很多幫忙，盧校長會把自己的畫放在我學生的店裡寄賣，等賣出後再跟他算錢。

• • •

早期我在看店時，曾遇過一個很特別的客人。那個時候看店時間很長，早上九點開店，一直到晚上九點才關門。有一天晚上快打烊了，有一位滿身油汙的先生到我們店裡，對著櫥窗裡的珠寶問說，那個是鑽石喔，我就說對。

他問能看一下嗎？我說當然可以。他有些不好意思地說，自己身上髒髒的，我說哪有什麼關係。其實他全身好像從汙油槽裡跳出來，外表看起來油膩膩，髒兮兮的，他自我介紹說姓何，因爲下班後直接從工廠過來，連衣服都來不及換。

我拿鑽石給他看，同時跟他介紹說明。他指著某一顆問多少錢，我說十五萬，他說好，我買這一顆。我聽了一愣，在當時，那顆鑽石算是很大顆，並不便宜，而他也沒有還價，二話不說，從衣服口袋裡掏出一整疊錢，有的鈔票都被油汙黏住了。他慢慢數，然後把油汙擦一擦，數了十五萬給我。

何先生說他從中山路一路走下來，大概經過十家店，只有我們這家店搭理他，有三家店的人對他說這個鑽石很貴喔，另外的人根本不理會他，所以他看看就走了。這些店看的都只是人的外表。

他說明天是太太的生日，想送一枚一克拉的鑽戒給她，他今天買到了，很高興。我們店裡有一張工作桌，師傅可以當場鑲，等師傅鑲好後就可以直接帶走，大約要花一、兩個小時，所以我們的下班時間就會往後延很多。但是我那時候還年輕，也不會想著要趕快下班（那個年代更不會有什麼加班費跟週休二日）。結果何先生離開後，玻璃櫃上與椅子都滿是油汙，我擦了很久才擦乾淨。

從此之後，他就成爲我們的客人。何先生家住在太平，我還去過一次。原來眞的是有錢人，是做鋼板批發的，何先生是老闆，才三十多歲。

他太太是很樸實的人，戴我們的鑽戒出去，還會介紹朋友來光顧我們店，說我們統一信用很好。她有的朋友來了，會叨念說我們統一的東西很貴。其實那個時候很多珠寶店賣的鑽石品質都不太好，也沒有GIA證書，而我們那個時候賣的是好東西，好東西當然就有好價錢。

一年多後，有一天何太太來我們店裡，看起來模樣很傷心，說她先生不幸去世了。原來何先生在自己工廠裡不小心被高壓電電死了，我們當下都覺得好悲傷。

她跟我們說，想把工廠關了，可能去開麵店吧。她的先生有很多結拜兄弟，後來有人就提議，去招生意的時候就多算她一份；有人也說，去買貨的時候順便幫她買一份；另外一個就說，管工廠的時候就順便幫她管，叫何太太負責收錢就好了，工廠生意儘管繼續做，他們這些結拜兄弟都會幫她。

我聽了實在很感動，雖然我們後來漸漸沒有聯繫，但是這件事情讓我感觸良多，讓我深刻了解人生不是只有錢，用眞誠付出才會有更多的回饋。偶爾，在我的腦海裡還是會浮現出何先生那一幅髒兮兮、油膩膩的身影。

PART 4

學習買貨的六堂課

1. 產地買貨有眉角

這些藍寶石一整包約五百顆左右倒出來，我慢慢挑，總是能挑到還不錯，而且重量超過一克拉的，就算有一些稍微刮傷，回去再琢磨一下就變漂亮了，也能賣到好價錢。

經營珠寶店，進貨是無比重要的一環，進貨成本壓低，利潤相對就提高。有人可能會這樣想，那麼到產地買最便宜了吧？

到產地買寶石，要注意幾件事，第一，要有成本概念。什麼叫成本概念？你要花時間，你要等待，而且買寶石不像在買冰淇淋或買香腸，很快就買好；第二，你要坐飛機，旅途勞累，也有風險；第三，你的現金要怎麼帶進去？還有，你要如何成交？你會不會買貴了？

產地買貨眞的比較便宜嗎？那可不一定。有一次我們去斯里蘭卡產地，看到一顆好寶石，賣方看我們口袋有錢，一直往上喊價，最後因爲只有這一顆寶石能入眼而已，結果硬是買下來，後來去珠寶展時，發現足足貴了三〇％，我們也只能認了。我們學到的教訓是，該給人家賺的，還是要給人家賺。

我們也曾經帶學員去產地，但是學員基本上不懂，所以我們都要在旁邊幫忙盯著，提醒他們不要買貴了，除非眞的對某件珠寶愛不釋手，那再多加一點錢買也沒關係。如果沒有我們的認可，學員也不太敢買，頂多就是買好玩的而已。但也有人對錢比較不在乎，看到喜歡的就下手，一口氣買很多。有一次，有位學生買了一顆十二萬人民幣的戒指，接近六十萬台幣，但是因爲品質很好，所以就算稍貴一點亦是無妨。

・・・

曾經有一段時間，大家都很好奇，爲什麼我總是可以買到很多便宜的藍寶石？

其實這是有竅門的。

以前我在泰國買寶石，發現很多大陸來的年輕人幫泰國貨主賣寶石，因爲都講中文，所以聊得通。這些年輕人拿一大包藍寶石在賣，平均每顆重量約八十幾分，但其實裡面每顆大小重量不一，通常會有幾顆超過一克拉。

八十分的寶石比一克拉的便宜很多，八十分藍寶石的行情大概每克拉兩千元泰幣，一克拉的藍寶石則要每克拉八千元泰幣以上。這些大陸年輕人從貨主那邊拿來整大包約五百顆左右的八十分寶石，我從裡面仔細挑，把面大一點的，厚一點的全部挑出來，這些一秤每一顆都一克拉多一點點。

如果我挑十顆，每一顆都一克拉以上，十顆秤起來約十一克拉。按照一克拉藍寶石的行情，就算車工比較不標準，一克拉沒賣八千元也要賣六千元，但現在平均一克拉只要兩千而已，再還價一下，一千六成交。假定買十顆共十一克拉，結果我只花了一萬七千六百元泰幣。

這個年輕人回去會對老闆講實話，說今天賣掉十顆，總共一萬七千六百元嗎？

當然不會！他會去找同業買藍寶石，把賣出去的十一克拉重量補齊，不過他買的是一克拉九百元、一千元的回去混一混，再跟老闆講說今天沒賣掉，寶石還你。那一大包裡有好幾百顆，老闆不可能一顆顆檢查，只是秤一秤總重量都對了，老闆就把帳單撕掉。

那年輕人有沒有賺？當然有。他總共賣我一萬七千六百元，而他買回一克拉一千元品質的，十一克拉也只花了一萬一千元，現賺六千六百元泰幣。他根本不用本錢，比誰都好賺。而我跟他就是心照不宣，各取所需。

有的大陸年輕人喜歡做這種生意，你可以整包慢慢選，你買一顆也好，兩顆也好，選愈少顆他更願意跟你配合，因為比較容易混水摸魚，不容易被老闆看出來。你若貪心，一次選個一百顆，老闆很容易就發現寶石被偷換了，這樣也不行。

我拿回來台灣批發給店家，若是一克拉買六千元，拿回來台灣可能要賣個一萬元左右，但是我的成本才一千六而已，所以只賣四千元。我的客人覺得很奇怪，為什麼我老是可以賣很便宜的藍寶石？不過這種方式需要時間、耐心的累積，一時也買不了很多，但是對於一年跑泰國十四次的我來說，算是非常駕輕就熟了。我之前採用這種方式做了十來年，但現在不做了，所以可以與大家分享。現在還有人在這樣做。

這其實與我大舅媽的教導相吻合：從便宜貨中找出堪用品是最有利潤的。這些藍寶石一整包倒出來，我慢慢挑，總能挑到還不錯，而且重量超過一克拉的，就算有些微刮傷，回去再琢磨一下就變漂亮了，也能賣到好價錢。

我常常帶學生去產地實習，去泰國買寶石，至少帶過五百個人去過泰國尖竹汶，但是現在批發做得很好的，眞正從零開始（家裡原本不是開銀樓，不是做這行的），最後存活下來的，十個手指頭就能數出來。這告訴我們，不是每個人都可以做好這個事業的。有人只是覺得好玩，有人很天眞，以爲只要來到產地，就可以買到超便宜貨，天底下哪有這麼容易的事情？

2. 知識是不上當的基礎

在產地買完貨後，最重要的第一步是要懂得替珠寶分類。C級品照本錢賣掉，B級品要評估賺多少錢才賣掉，A級品就留下來，當水漲船高後，就可以變成資產。

我常常講，全世界最便宜的寶石在哪裡？就在你的知識上頭。你有知識，哪裡買都便宜，你沒有知識，在哪裡買都貴。不過買賣有時也要講究緣分，有人是看你順眼，才會把東西賣給你。但最重要的是，要講信用，說一就一，說二就二，不要在小東西上面計較，這樣做生意才會比較快樂、比較長久。

• • •

我第一次去香港時，向一個印度老闆買裸鑽。我要買一克拉大小的鑽石，他感覺我會買很多，很開心地拿了五百顆一克拉的讓我選，其實我根本沒帶什麼錢。那個時候我還很窮，做的大都是五十分、三十分的生意。

最後，我只買了一顆而已，那個印度人有點驚訝地說：「just only one（只買一顆喔）？」但他也沒有生氣，還是一樣照規矩賣我。

兩個月後我再去買貨，那個印度人就不打算接待我了，而叫員工招呼我。我也買得不多，但慢慢成長，後來我曾經在他的公司一口氣買了四顆五克拉的圓鑽；也曾經他有六顆五克拉的鑽石，我一次就買四顆。

因爲跟他們做生意很實在，我到現在還在跟他們買鑽石。有一次，這個印度老闆很開心的對我說，我總算沒有看錯你，Mr. Li，big buyer（黎先生，大買家）。我心裡其實在偷笑，想說你當初對我還愛理不理的呢。

同樣是印度人，有人卻很會計較。我曾經在香港的珠寶展買了一百九十五元美金的貨，那個印度人就說，能不能算兩百？他想占我五元美金的便宜。一般情況，不是都會說一百九十五算一百九十就好了嗎？這個印度人卻問我能不能算兩百？讓我有點傻眼。

類似的例子還發生在緬甸。

我早期去緬甸買貨，紅寶石上面寫著定價一百元美金，那時候匯率二十八，換算起來就是台幣兩千八百元。我問老闆這個多少錢，她就說五百元美金，我不解地問她，上面不是清清楚楚寫著一百元美金嗎？那個女生講中文也會通，她就說，因爲台灣人很有錢，買貴一點沒關係。

我一聽覺得莫名其妙，就說那我不買了，定價一百就是一百，怎麼可以看人漲價。她最後還是照定價賣給我，我也沒跟她殺價，到了泰國尖竹汶一比較，果然還是便宜一些，所以知識是很重要的。

我一開始是去泰國買寶石，有一次也很誇張。

我去買紅寶石，一顆一千元泰幣，五顆五千元，如果五顆全買，照理講應該打個八折，算四千元吧。我問老闆，這樣可不可以？那個老闆就說不可以，一顆一千，五顆全買要算五千五。天底下竟然有這種事情？我買多還變貴！

我問為什麼？那個泰國老闆透過翻譯說，一定是有很好康的事情而他不知道，一定是有什麼地方他沒有算到，不然我幹嘛一次買那麼多？所以他要算我貴一點，這樣他的「奇摩子」才會比較好一點，要不然就不賣我。

我就說，那我不如一顆一顆買，他就說隨便你。我就真的分好幾天，一顆一顆買下來。這個過程實在令我啼笑皆非，這到底是什麼神邏輯？也太奇怪了。難怪他們做生意都會輸給華人。

當然也不是每個人都這樣子。像我在泰國買紅寶石，買三顆三十萬（泰幣），買六顆三十五萬元，那你要買六顆還是三顆？其實，對方本來就是打算要賣你六顆的。在產地買寶石，很多都是合夥制，比如說，有三個人合夥提供貨源，當合夥的十顆寶石賣掉八顆，剩下的兩顆一定會在隔天賤價出脫，以期趕快結帳分紅，所以有的時候等待也會帶來驚喜。

‧‧‧

在產地買完貨後，最重要的第一步是要懂得替珠寶分類。我們買了整包貨，就要分ABC三級，C級品照本錢賣掉，B級品要評估賺多少錢才賣掉，A級品就留下來，若干年後，你可能積了一大堆A級貨，那時候水漲船高，就可以變成資產。但很少人能這麼做，因爲會忍不住，當客人看到這個貨不錯，加一點錢跟你買時，你就想賣掉了。

比較細膩的作法是像我們公司，把貨分爲四個等級。

第一個等級是收藏級，也是最好的貨，將來要翻身用的，沒有賺到相當程度，絕對不能賣；第二級是正常品質，利潤合理就能賣得掉。它在市面上算是好東西，必須尋求正規市場價值，所以不能說你以前買十萬，現在漲到一百萬了，你還賣二十萬；第三級，基本上並不是太好的東西，只要有人還價，不要差太多，都可以賣掉；第四級就是貨底、次級品，不計一切代價，只要有人想買，全部賣掉。這樣子分法，做生意就進退有序，才會賺錢。

比如買手鐲，也是要分類。我們買十個、二十個手鐲回來，先看手鐲的兩個條件：顏色與透明度；再看它有沒有瑕疵，還有很少人注意的手圍。一般台灣人的手圍是170到190（台灣手圍術語，數字愈大代表手圍愈大）。如果手鐲的手圍是160，偏小的手圍，或是200，較粗的，就算很漂亮，也要便宜賣，因爲這類珠寶需求相對比較少，就是人稱的「零碼」。

3. 買貨賣貨攻防戰

年輕時，我常常因為喪失機會而懊惱，現在年紀大了，比較不會這樣想，一切都隨緣。這幾年，東西如果價錢差不多我都會買，腦袋裡只要浮現三個可能的買家，我就下手了。

我曾經在廣州的玉市看到一塊玉墜子，雕成一塊很大的錢，上面還有一隻蝙蝠，取其吉祥寓意，叫做「福在眼前」。這塊玉的型制很好，是黃金比例（個頭渾厚，屬於追求者眾的品質），雕得相當精緻，而且是冰種完全透的，帶陽綠色。

當時，我覺得這塊玉很漂亮，一問價錢，老闆開價六萬人民幣，我還價一萬五千元，老闆說不可能，叫我再加一點。我就說，一句話，你最多可以降到多少？他就開三萬五千元，我還價還到兩萬五，想說這個價錢應該差不多了。

那個店家要我再加，我不肯，做勢要拉著行李離開，可是那個老闆並沒有打算拉住我，我只好眞的走了。

我拉著行李走到地鐵站就開始後悔了。第二天我到香港，再坐飛機回來台灣，我更後悔了。這種感覺讓我很不自在，回來台灣後，我馬上又訂機票再飛回去。回來台灣的隔天下午，我又在廣州現身。

那個店家一看到我就說，老闆你看，你又回來買了吧。我就跟他說，我回去台灣又回來了，他就說，你看，這個好的寶玉眞的會吸引人。再經過一番討價還價，最後兩萬八千元成交。

成交後一個星期，這塊玉我就賣給一個從北京來的客人，賺了一票。看到好東西眞的要當機立斷，所幸這塊玉與我有緣，但我還是多花了機票錢，加上時間的損失。

年輕時，我常常會因爲這樣的優柔寡斷、喪失機會而懊惱，現在年紀大了，比較不會這樣想，一切都隨緣。而且，什麼東西該誰得的，最後都騙不了上天。這幾年，東西如果價錢差不多我都會買，腦袋裡只要浮現三個可能的買家，我就下手了。

・・・

也是在廣州，我曾經買到非常便宜的東西，便宜得很誇張，不過當時是用了一些技巧。

那是一個很漂亮的壽翁玉雕，賣家開價最少兩萬兩千元人民幣，不然免談。我心裡盤算說，如果能夠買到一萬元以下就可以了。我還價六千，想再把價錢慢慢加上去，賣家說不可能，最少要兩萬，不然就不要再聊了，看起來態度很硬。

那個時候，我跟我的學生一共三個人去廣州。我跟其中一個學生套招演戲，叫他故意從另一頭走過去，假裝在賣家處不期而遇。我一看到學生就說，大老闆你也來了，問他高雄的店生意好不好？台北的店好不好？假裝他開了很多連鎖珠寶店，學生還要回答說，還好，那麼多店很難顧，很累啊。

我跟那個賣家介紹說，這個是「大老闆」喔，在台灣南北有十幾家店，你如果要跟他做生意，不能只看眼前零零散散的一兩個，要看將來性。我跟學生講起想買那個壽翁玉雕，我的學生假意看了兩眼，說這裡沒什麼東西嘛，這個壽翁我看還稍微可以，還過得去，但是才一個而已，有什麼用？我這麼多店哪夠賣？最少買個五、六個吧，如果有十個以上那最好。那個賣家聽了就怦然心動。

我的學生問賣家，這一個賣多少錢？那個賣家就說最低一萬二。剛才對我還開二萬，現在碰到了「大老闆」，立刻降到一萬二。

我學生說，一句話，六千跟你買。那個賣家苦著臉指著我說，剛剛這個老闆就跟我出價六千，這樣不能賣啦，會賠本，不行啦！

我就說，啊，這樣子的話，我就不聊了，你如果沒有做到他的生意，是你的損失喔。你可以去問看看，他剛剛在那個轉角已經買了一百多萬人民幣了。

我的學生也很會演，煞有介事的跟那個賣家說，如果你有十來個我都會買的。賣家一聽，高興得跟什麼一樣。最後是八千五百元成交，包一包就帶走了。

我後來去廣州，又遇到這個賣家三、四次。他一直問我說，那個「大老闆」什麼時候還要再來？說都沒有聯絡到他，有很多貨想要給他看，請他務必要來看看。我心想，「大老闆怎麼敢再去啊！」

買貨當然是以划算爲原則，常言道商場如戰場，有的時候爲達目的，會用到一些手法，甚至還會角色扮演，合演一齣戲。

這樣子做到底道德不道德，我不敢講，但我們把它視爲買貨的一種技巧。我畢竟沒有拿槍壓著別人，要他非賣不可；他賣八千五百元有沒有虧本？我敢打包票絕對沒有，只是賺得少而已。

我們常常講，殺頭的生意有人做，賠錢的生意沒人做，可是有些大陸人眞的很敢拚，小地方虧一點沒關係，我就跟你拚，拚未來，拚長期。

4. 在二手貨淘寶

雖然最好有功夫底子，才能夠出來闖江湖，但是話又說回來，你不出來闖，永遠都是零，永遠不會進步。永遠坐而言的人，到老還是一樣只能自我陶醉地高談闊論。

我大舅媽常說，從爛貨中選擇還可以用的東西最好賺。這話的宗旨是，你的便宜是架構在別人的損失上。我常去日本買二手珠寶，就是秉持這樣的思維。

去日本買二手珠寶的原因是，他們的東西符合台灣人的期待，像是：

第一，日本的珠寶很多都是鑲純白金的，是好東西；第二，日本珠寶一般的配鑽都很漂亮，不像東南亞、台灣，有些配鑽簡直糟糕得不得了。第三，日本的珠寶很規矩，每個都打重量，18K就是18K，純白金就純白金。台灣呢，4K、5K、

14K，全部都打18K！

‧‧‧

二手珠寶有的已經是二、三十前，甚至是五十年前的東西了，型也許不好看，但它的主石、配鑽等都是很好的，而且做工也不錯。尤其是主石，都是那種顏色青青幽幽，漂漂亮亮的，台灣人很喜歡。

其實我們都知道，有時候去日本買的所謂二手珠寶，很多都是新做的。東西是一手的，價格卻是二手的，這就很划算。因爲日本早期在匯率很低的時候，大量進了很多貨，後來慢慢拿出來賣，若按照以前的匯率來計價，成本眞的比較低。

還有一些二手珠寶是公司賣出來的，有一些則是當鋪賣出來的，因爲也沒有規定當鋪只能賣二手的，所以當鋪有時候也會進一些貨，這些珠寶就在那邊流通。

我有一次在日本珠寶展，看到一家店專賣二手珠寶，東西簡直便宜到太誇張。店家賣的紫水晶，台灣的批發價大概一克拉一百五十元台幣到一百八十元台幣，在泰國買的時候，我們都從五十元開始喊，會在一克拉八、九十元之間成交。

這家店的賣法就是拿一包給你，說是不二價，眞的假的你自己看。我馬上叫我的學生來買，向他保證這個是眞貨，沒問題，他二話不說就買了。然後我學生問我，老師，你自己爲什麼不買？我說，我不做半寶石的生意。但是因爲太便宜了，我還是忍不住買了一包，用來當樣本或者獎勵學生。

還有一種玻利維亞產的紫黃晶。台灣的玉市價格是一克拉二百五十元，我們到泰國去買，也要一百八十元。在日本的二手珠寶店家，這一包一共一百六十五克拉，我才花了大約兩千八百元就買到了，一克拉約十六元。我打開一看，一整包只有一顆是破的，其他都完好如初。在我前面有五、六個人經過，可是他們都沒有發現，有人是只看他想要的東西，但是我就會看到很划算的東西，這也算是一種功力吧！

還有一次，我買到一顆五十元日幣的蛋白石，等於一顆只要十四元台幣。在香港珠寶展，一克拉的蛋白石再不濟也要二、三十元美金。這個店家隨便一顆也有一克拉多，照理說也要五、六百元，他居然只賣十四元。這些蛋白石一整包封死，不能先打開來看，但我看一定是眞的，有一克拉、兩克拉，還有很大顆五克拉的。

我猜測，這些蛋白石在這家店已經擺很久了，然後一路降價，比如說，可能一開始買的價錢是一克拉一百八十元日幣，店家賣掉一些，有賺了，然後剩下一些貨底，想說就照成本賣，又賣了一些。到後來還有剩，想說反正有賺了，虧一點沒關係，賣一百五十元日幣，就這樣一路賣，一路降，最後降到五十元日幣。這種好康可遇不可求，一旦遇到必須立刻買下來，否則下次再去就看不到了。

像這樣子的彩色寶石、鑽石，二手店有一堆，我在等待購買的時候，前面有二十幾個人排隊，先到的先挑，每一個都是專家，會把好貨挑掉。但是後面來的人還是有利可圖。

一顆十四元台幣的蛋白石，我在網路上拍賣，用一元起價，槌子加一次一百元，加兩次兩百元，我就有賺了。所以我鼓勵想做珠寶業的朋友，一定要常常出國去看看，才可能遇到類似的好機會。

我一個學生看了那一包蛋白石後，覺得好像不太好，我就敲他腦袋，問哪裡不好？這個性價比好到不得了！十四元還買不到一杯飲料，這個是蛋白石耶，寶石耶，開什麼玩笑？

總結最後，這些蛋白石我認為應該是回收的，原來可能是一個大墜子，或是從大件首飾拆下來，然後Ｋ金拿去賣掉，本錢已經回來，其它的配件若賣掉都是多賺的。因為那些蛋白石每一顆後面都黏著膠，一定是貼在什麼地方上，甚至或者是一幅畫。像是有的人可能弄了一幅自畫像，在上面貼滿各種寶石，看起來閃閃耀耀，十分貴氣的樣子，這些蛋白石說不定就是從這種畫上刮下來的。

・・・

在日本珠寶展上，我也看到很多世界各國出來打拚的初生之犢，我心想，你們大概什麼都不懂，也敢出來亂買。雖然最好有功夫底子，才能夠出來闖江湖，但是話又說回來，你不出來闖，永遠都是零，永遠不會進步。永遠坐而言的人，到老還是一樣只能自我陶醉地高談闊論。

日本人口才一億多，二手珠寶業就能夠有這樣的規模，大陸十幾億人口更是不得了，而且還有政府的力量在背後加以引導。有一次，我看到大陸的電視上在介紹古董鋼琴、古董小提琴，果然沒隔多久，就看到有人在炒作古董鋼琴、古董小提琴，鼓勵大家收藏、拍賣。所以，中國政府是很精明的在算計這些事情，並不是隨便在亂播節目，背後都有其目的。

一個國家經濟起飛，大家都變有錢了，就會亂買。不過經濟不可能永遠一飛沖天，一直好下去，一定會有遲緩的時候。當那天到了，會有很多人投資失敗，到時候就會拿好東西出來賤賣，這個時候就是收二手貨最能賺錢的時代，我預計還有十來年。所以，大概就是下個世代，我兒子的那個世代，中國大陸二手珠寶的市場會非常有機會。

其實，台灣的珠寶展一度也相當興盛，而且台灣的珠寶生意其實不差，但是台灣人現在喜歡去國外買貨，不喜歡在台灣的珠寶展買貨，爲什麼?因爲怕被人家認出來。顧客也會想說，如果賣家在珠寶展買貨，那我就自己去珠寶展買就好了，幹嘛跟賣家買？所以在台灣買貨有這一層顧慮，有時候會遮遮掩掩、左躲右閃的，但在日本、香港大陸，台灣的批發商都買得很兇。在國外買貨有沒有比較便宜是另一回事，但是隱密性一定比較高。我有一個朋友還專門請了一個嫁到日本的台灣小姐當翻譯，可見台灣人的購買力有多強呢。

5. 當鋪循環有玄機

經營當鋪，除了眼光要放長遠，還有一個很重要的環節，就是回流。一家當鋪若想要持續經營，應該要養魚，必須不斷有源源不絕的貨品回流，人家拿來當東西，你來賺利息。

有時候，我們也會在當鋪找到好貨。

在當鋪典當物品有這樣子的好處：你需要用錢，卻又不想欠人家人情（或是不想被人家知道你缺錢），在這裡周轉最隱密，而且能夠很快撥款救急。這就是當鋪的基本精神。

去銀行借當然也可以，不欠人情，但是撥款很慢，有時候緩不濟急。當鋪給錢比較快，甚至只要你的東西ＯＫ，只要看你這個人對，他就敢給你錢。南部就有很多這種當鋪，是看人給錢的。

要開當鋪有很多技術面向。舉例來講，有人來當一個東西，你的估價是十萬元，但是今天來當的人假如沒有十一萬就過不了關的話，你要不要再多高估一萬，變十一萬？

你如果估十萬元，但這東西可能可以賣十二萬，甚至十五萬元，你有沒有那個膽識就估給他十一萬，來滿足他的需求？你如果不滿足他，他還需要去找另外的一萬，東西可能就不在你這邊當了，你的生意也做不成了。

你如果想做這個生意，你就必須跟他拚了。甚至比如說，這個東西你只能賣十二萬，他卻想當十二萬，你也得跟他拚，爲什麼？生意是做長久的，這一次沒賺，下一次再賺回來就好了。因爲人都有這種習性，如果拿一支釣竿在某個魚池裡面常常釣到魚，他就會經常跑來這裡釣；如果在這裡買到便宜貨，他就會常來這裡買。

去當鋪借錢也是一樣的道理。很少人會到處去問每一間當鋪，讓每個人都知道自己缺錢。你若能滿足他的需求，通常這樣子的客人就會變成當鋪常客，如果你還算他貴一點，那就沒有道理了。做生意，眼光要放長遠！

還有，當鋪的流當品到處亂賣，這是好事嗎？說實話，這並不是好事。

當鋪景氣好的時候，就是社會景氣不好的時候，會有很多東西賣出來，你轉手再賣給一般消費者，等於是在養魚，東西還有機會可以回來，但是如果你賣給有錢人，那等於是斷線，因爲有錢人不會再拿出來賣。

假設東西流當十萬元，在台灣能夠賣十五萬，拿到大陸能夠賣二十萬，你會留在台灣賣，還是拿到大陸賣？大概十年前，很多當鋪都很短視近利，兜攬了一堆好貨選擇拿到大陸賣，果然就吃到苦頭了。

原來，經營當鋪還有一個很重要的環節，就是回流。我今天跟你買十五萬，你也賺了錢，然後日後我如果有需要，這些東西我會再拿回來當。你如果賣到大陸，對方怎麼可能坐飛機拿來台灣當？這是標準的竭澤而漁嘛！

台灣的當鋪受到教訓，才終於發現這樣子不可行。所以，一家當鋪若想要持續經營，應該要養魚，必須不斷有源源不絕的貨品回流，人來當東西，你來賺利息。

・・・

而貨品不斷在當鋪中流轉，有時候也會有玄機。

有一次我去一家當鋪收東西，看到一枚鑽石戒指，我還記得重量是一．〇七克拉，等級是DIF，屬於顏色最漂亮的、無瑕的，我那時候拚命喊價，但是最後當鋪老闆沒有賣我。

沒有賣的可能原因之一是，當鋪老闆覺得賺不夠多；第二個可能是，這個東西壓根兒就還沒流當，當鋪老闆只是把我叫來試探一下，看看這個東西到底能夠收多少錢；第三個可能是，這顆鑽石根本就還沒有當，鑽石的主人或許跟當鋪很熟，就先放在這裡，看看誰會出高價來買。

後來，這件事情就不了了之。大概三個月後，我又在別家當鋪看到同一顆鑽石，顯見這顆鑽石根本沒有流當，又或者被贖回去，之前拿去別家當鋪當。

像這種頂級鑽石很稀有，一定很快就可以賣掉，看到就要趕快下手。我跟當鋪老闆說，你能不能跟當的人講，我用多少錢跟他買，然後我讓你賺多少。那個當鋪老闆考慮到收這個鑽石能賺的利息也有限，立刻拿起電話問，很快就成交了。

因爲鑽石是比較早期買的，現在已經漲很多，可是鑽石的主人缺錢，我出的價錢其實只比他當初買的價錢高一些些，但他馬上賣斷，就不必再多繳當鋪的利息，也得到一筆錢可以周轉，我跟當鋪老闆也都有錢賺。

第一家當鋪的老闆可能想自己賣，多賺一點，但是他有賣高檔貨的企圖心，卻沒有賣高檔貨的本事。還有一個可能，是他把人家的鑽石當得很低價，擁有者就贖回去，再拿到別家去當。再不然，就是他收的利息太高了。

當然也有可能是被老婆發現了，老公只好趕快把鑽石贖回去。當鋪在過年時都會有贖回潮，尤其黃金寶石類，過年前來當的人常會先拚一筆錢來贖回去，因爲過年時要讓老婆看到這個珠寶還在，要戴時可以戴，但常常過完年後又拿回來當了。

很多台灣人認爲買珠寶就是要保值，你買鞋子、買衣服，從來沒有想到要賣，但珠寶則不同，所以做珠寶銀樓的人要有相當程度的基底，要有一些本錢，不然當一下太多客人都把珠寶拿來還你，那不得了的，你會倒店的。

曾經，台中有一家很大的銀樓老闆，每次暑假都把店關起來，跑到美國躲個一兩個月。大約三十年前，那個時候景氣很差，如果有客人拿價值五千萬的珠寶來跟你周轉兩千萬資金，好度過難關，大家都同時來這一招，那你非倒不可。所以那個時候當鋪的生意非常好，夠水準、夠厲害的當鋪都來者不拒，萬物皆可當，賺了很多錢，這也算是時機財。

6. 人人可以善用當鋪

原來逢甲大學的學生很聰明，摩托車放車庫，暑假兩個月下來就是六百元，他們想到可以把摩托車拿到當鋪來當，不只有五百元的路費周轉，兩個月下來也才收兩百元利息而已。

我有一個朋友開當鋪，收了兩個雕刻得很漂亮的古董竹筒，後來流當了。竹筒原來是封死的，他撬開來看，裡面有個小洞，塞滿了田黃石。他拿去賣，一顆賣兩萬多元，裡面有十幾顆，總共賣了二、三十萬，那兩個竹筒也不過當一萬元而已。沒人知道裡面有田黃，這根本是天上掉下來的好運。

一般來講，到當鋪當東西的人，每個都想贖回來，但是能不能如願就很難說了。有些人去當的時候就挑明講，這個東西他不要了，這叫「死當」。

大約十五年前，我曾經在南部的當鋪收購過一顆鑽石，當時當鋪老闆不知道那是鑽石，只問這個紅紅的寶石我要收多少錢，於是我很便宜跟他收了。收回來之後，我覺得這顆鑽石應該價值不菲，拆下來後整理整理，然後去打ＧＩＡ證書，fancy deep（深彩），orange-pink（橘粉紅），ＶＶＳ２，淨度等級很高。結果我在珠寶展一問，跟它一樣品質、重量差不多的，大概要一千多萬。

後來我拿給猶太珠寶商看，他說這個是假的，因爲太乾淨了，不可能，我不認同，把證書拿出來給他看，他才說這是好東西。但是這樣的珠寶若要叫我賤賣，我也捨不得。老實講，我覺得這樣得到的東西，最好的效益就是賣得很高價，然後把錢捐給慈善機構。

・・・

有些人一輩子不敢進當鋪，覺得好像很危險，容易被騙，如果你能善用當鋪的槓桿原理，其實當鋪是很安全，很隱密的。一般而言，當鋪需要十足抵押（就是典當之物價值一定要高過當價），你如果要用的錢不多，且是急用，就可以利用一下當鋪。

還有，有些很特殊的東西也可以當到錢。舉例來說，你有一隻手機用了五、六年，拿去手機行賣，可能對方連買都不想買；就算可以賣，可能也只能賣一百元，你去當鋪卻可以當到一千元。爲什麼？因爲你明天一定還要用手機，得贖回去。一千元只是小小一筆周轉的錢，你可能是個「月光族」，恰巧有朋友來找你吃飯、喝酒，你手頭上剛好不方便，或者車子開到一半沒油了，錢包忘了帶，拿手機去當鋪應急一下，借個一千元，對當鋪來講絕對沒問題。

第二天你再來贖，當鋪就收你一千一百元，一天收一〇%的利息其實很高，但是你只付出了一百元。如果有一千個人都這樣子做，那當鋪就好賺了。如果是這種應急的情況，當鋪通常都會借，所以並不需要把當鋪都想成很勢利眼。

幾年前，3C產品可以在當鋪當到好價錢，但現在當鋪都不太敢收了。我們曾經收了一台Panasonic的電視，三十七吋，新的要價五萬六千元，我們還估得比較保險，只當了一萬八千元。四個月到期，流當之後，新的電視只能賣一萬六千元，最後只好留下來自己看。所以，當鋪的經營者也不是每一個都那麼精明厲害。

當然，也有些當鋪老闆很壞，會把3C產品拿去用，等到裡面零件都壞得差不多了，才拿出來當二手貨賣。只要外表漂亮、擦乾淨一點，其實也看不太出來。如果你沒有專業知識就容易吃虧，所以我不建議在當鋪買3C產品。

但是如果去當鋪買摩托車，就很划算。

因爲當鋪的人很少會十足徹底地懂摩托車，大都會委託摩托車店檢查之後，才給價錢出借，所以他們一般敢當的，都是兩年以內的摩托車。只要你的車子外型尚可，當鋪一定會收。但也不能說兩年就騎了七、八萬公里，那就太誇張了。這種兩年內的車子去當鋪買，會比去摩托車店買還要便宜許多，因爲有些摩托車店也是從當鋪收來的。

．．．

講到摩托車，還有一個有趣的故事。我有一個學長在台中市開當鋪，有一次他的員工跟他說，老闆，這次我收了一百多台摩托車，一台才一、兩百元而已，現在整間店都是摩托車。這個員工被我學長罵，當那麼低價是在搞什麼鬼。

假如當兩百元的話，利息要怎麼收？當兩百元也要收一百元利息，不可能只收幾十元，因爲這是最基本的。如果你當到五千元，利息三分，一個月就有一百五十元的收入；當一萬元的話，就有三百元利息；當兩萬元的話，一個月利息六百元。

原來逢甲大學的學生很聰明，他們放暑假要回南部、北部，摩托車不帶回去，放到車庫一天停車費要十元，一個月要三百元，暑假兩個月下來就是六百元，而且車庫也不管摩托車是否風吹日曬或弄髒。

他們想到，可以把摩托車拿到當鋪來當，不只能拿到五百元的路費周轉，兩個月下來，也才收兩百元利息而已。而且車子存在當鋪裡，保管得好好的，每個星期還幫你擦車，兩個月到了，你去牽車，還要幫你發動，說聲謝謝，老闆下次再來。

你看，做這種生意是不是很不划算？後來我學長的當鋪規定就改了，摩托車至少要當一萬元以上，這樣收的利息才夠多，才划算。

利息只收一百元其實也不是不可以，可是摩托車你得每天牽來牽去，負責保管，還要擦車，實在不怎麼划算。兩百台摩托車，得有多大的場地去放？你可能會想說，哇！兩百台擺起來多有規模，萬一流當的話就發了。結果很抱歉，一到開學，摩托車全都牽光了。誰會爲了一、兩百元而流當摩托車呢？

這些年輕人花樣眞得很多，居然想得到要占當鋪的便宜。如果台灣下一代的好頭腦都能夠認眞踏實的用到正途上，國家社會的未來還用愁嗎？

PART 5

珠寶，
讓我的人生
發光

1. 玉石鑽石的大趨勢

中國大陸的消費力不容忽視。在台灣五十萬沒人買，在大陸竟然賣了一百八十萬，簡單說，大陸經濟愈來愈好，人人都想消費好東西，好的玉卻愈來愈少，價格當然容易一飛沖天了。

未來珠寶的趨勢是如何呢？若只看未來五到十年，除了看總體經濟狀況到底如何，也要考慮你所買賣或是收藏的珠寶屬性。

先講玉，特別是翡翠。玉跟翡翠是屬於所有華人的寶石。在中國歷史上，喜好玉，使用玉，從商周時期或更遠古就開始了，已經有幾千年傳統。一開始，玉被認爲是屬於君王、貴族所擁有的。

如果認爲五年、十年後，中國大陸的經濟至少是穩定的，那麼投資翡翠還是一個選擇，因爲至少有三、四千年的玉文化做後盾。

現在大陸正興起一股風潮，媽媽會留一個玉手鐲給女兒，代表圓圓滿滿，一直往下傳承。這跟別的國家就不一樣，像日本，媽媽過世後留下來的手鐲，女兒會直接賣掉，再去買自己喜歡的珠寶飾品。因爲傳統文化的關係，華人對於玉和翡翠的辟邪、吉祥等好的寓意，還是有一種憧憬跟依賴，所以玉石翡翠還是值得投資。

黃金的話，以前西洋人把黃金當成防腐利器，可以讓人永垂不朽，像埃及的黃金面具，但在中國就沒有這種傳統。黃金在中國古代有三個面向，第一個是北方遊牧民族拿來當飾品，第二個，在周朝中原地區做一些馬車的用具，做一些跟人沒有接觸的物品，如杯子、青銅器的包金鎏金等，但不是實際用在人身上，大約到漢朝以後才開始大量產生。第三個，比較特殊的就是四川蜀地的三星堆文明，屬於宗教崇拜爲主，黃金做的面具很特殊，跟正統中土文化大異其趣。

這是黃金在歷史和文化上的價值，眞講到投資，黃金曾經在八年前有過大價錢，這幾年都是隨著美元做一些相對的比價，偶爾有些國際重大事件與衝突，黃金就會波動一下，甚至黃金在工業上反而有更大的用途。不過未來人口紅利大的國家都是黃金的喜好者，如印度、印尼等，中國雖也逐漸人口老化，但終究有著十四億人口的規模，只要整體經濟狀況仍佳，黃金的需求量我相信還是大的。但是，有一個因素大家很少考量到，就是因爲科技發達，探礦煉金的技術日漸進步，以前不能煉金的廢熔渣，現在都能再精煉很多黃金，成本變低，產量又加大，這會是一個抑制黃金漲價的因素。

・・・

再來講鑽石。最近似乎出現了一種看法，說世界鑽石產量已經到頂，未來產量會愈來愈少，所以鑽石的價格看漲。我的看法是，鑽石產量的多或少都只是一種商業包裝的說法，鑽石產量其實是受到 De Beers（戴比爾斯）這家公司的控制，根本就是托拉斯獨占事業。

這家「鑽石帝國」公司主宰了世界八十五％的鑽石生產與銷售，另外十五％是檯面下的生意，它可以因應當前世界經濟狀況、景氣好壞，來調整販售的鑽石數量跟價格。比如說現在景氣差，公司釋放出來的鑽石可能品質稍微差一點，價錢就放低一點；等到景氣好的時候，公司再把比較好的鑽石拿出來賣，多賺一點，因爲那個時候大家比較買得起。總之，這家公司會視情況在供需之間求取平衡，而且絕對有能力做得到。

當然，如果是根據鑽石的開採量來看，這種立論也有一定的依據。上個世紀結束的時候，最大的鑽石出產國是澳洲，但是澳洲的鑽石有九十五%是工業用鑽，只有五%可以用來做寶石。

之後，雖然加拿大發現大量的鑽石礦，不過礦產區都在北方湖區，在湖面下，而每個湖都是一個火山口，開採很不容易，所以鑽石的開採會愈來愈困難，可能需要使用更多的大型機具，使得開採的成本愈來愈高，導致鑽石漲價。

但是我認爲，有戴比爾斯公司的控制，不會讓鑽石無端暴漲，就算現在景氣不好，也只會讓它緩慢軟著陸。暴漲暴跌對世界上任何行業都不是好事。

鑽石行情突然暴跌，我只想到一個比較特殊的例子。一九七九年，伊朗國王巴勒維被伊斯蘭革命推翻後，他流亡國外，大量拋售鑽石，導致國際市場上的鑽石行情非常低迷，大概有接近十年時間，珠寶業生意很不好做。那時候常常一個星期只賣出一枚金戒指，每天就是開店門，關店門，連一隻貓都不上門，但是當後來景氣轉好就不一樣了，我們忙翻天，曾經有過五、六年時間每天吃飯都不定時。

我有個朋友他沒有買房地產，他常講，哪天等台灣的房子暴跌，跌到都沒有人要的時候，我再來狠狠買它幾間。我心裡想，說眞的，以你這種心態，房子暴跌的時候，你恐怕跑得比誰都還快，絕對不敢買。其實，買房子不在於房價貴或便宜，只在於你當下買得起或買不起。珠寶也是類似的概念。比如說，有人有一顆鑽石想要便宜賣，五克拉的行情價要五百萬，但他現在缺錢，一百五十萬便宜賣給你如何？你說沒有這麼多錢，三十萬元好不好？那根本就白講了。

相反的，等到你有錢，若正在熱頭上，再貴的珠寶你也會下手買，因爲你就是想要消費，就是想要擁有，想要去跟別人比較。說穿了，人一有錢，虛榮心就容易

「趁虛而入」了。

當然，不管景氣趨勢如何，從事珠寶業的人在經營管理上能夠堅持專業、正派經營，路才能走得遠。

• • •

寶石類的行情，若從全世界經濟的角度去看，看整個大環境，美國應該還是看好的，雖然美國不能代表所有市場，但它終究是一個消費大國。日本這幾年經濟也慢慢有了起色，日本人自詡是「亞洲的歐洲人」，品味跟歐美比較相像，寶石的消費也占了很大的區塊。

台灣這幾年，珠寶買賣業經歷了一場革命，以前只有銀樓才能賣珠寶，現在幾乎誰都可以賣珠寶。有些人去國外學習後，如果頭腦靈活，家裡又有錢，只要能買到貨，就可以賣珠寶了。另外有一些珠寶工作室，等於是小型的銀樓，只做高檔珠寶的諮詢、買賣。像這種模式的工作室也愈來愈多，儼然形成一股小趨勢。

此外，中國大陸的消費力也不容忽視。大陸經濟的規模愈來愈壯大，愈來愈「財大氣粗」：大爺我就是有錢，錢不是問題，直接把最好的給我拿出來。其實，什麼叫做最好的？就珠寶業者來講，只要能夠賣的，都是最好的，但是身為業者，你必須思考消費者到底想消費些什麼？

舉例來說，像是藍寶石、紅寶石就有所謂加熱跟無加熱的區別。藍寶石、紅寶石加熱改色，進行優化處理，是在實驗室中利用氧化或還原的加熱方法，讓原本外觀不甚美麗的寶石變得漂亮，這是被全世界寶石業者認可，也是珠寶業行之有年的作法。但是中國畢竟占了世界約五分之一的人口，你不得不考慮這些新時代富豪的新需求與想法。

他們現在要的東西，很多都是「天然的」，不只是文字層面上的天然，而是在真實面上真正的天然，也就是從地底挖出來就是這麼藍，這麼紅，就是這麼漂亮，未經加熱處理過的寶石。這未來會是一個愈來愈廣闊的路，愈來愈被重視的方向。不過這樣的寶石現在應該不多吧。

我曾經在保險箱裡找到幾只手鐲，有一些略有瑕疵，其中一只很漂亮，我拿出來賣。剛開始標價五萬沒人要，那個時候價錢已經在微微上漲，後來又漲了很多，我標價五十萬元，還是沒人買。

有一個朋友建議要帶我去深圳賣，大陸其實我常跑，只是深圳比較不熟，我想想就答應了。問第一家沒人要買，嫌這個手鐲太花了，去到第二家，老闆問我要賣多少錢，我說賣五十萬元人民幣，他出價四十萬，約台幣一百八十萬，我就拿二十萬給我朋友當佣金。

後來聽說那只手鐲店家賣了八十萬人民幣，到底誰才是眞正的獲益者？只能說，好的珠寶眞的會隨著景氣好轉而水漲船高。在台灣五十萬沒人買，在大陸竟然賣了一百八十萬，我也很滿意了。人要知足，你不可能賣到最高點，想要賺盡全天下的錢，那是不可能的。

簡單說，大陸經濟愈來愈好，人人都想消費好東西，好的玉卻愈來愈少，價格當然容易一飛沖天了。

2. 網路買珠寶停看聽

有人覺得在網路上買比較快，比較簡單，但網路上的珠寶還是有被詬病的地方，比如說仿冒品、山寨品，不過這部分需要時間與魄力去解決，譬如要有一個消費者跟業者都能夠接受的鑑定中心。

現在很流行在網路和臉書上買賣東西，網路購物的趨勢似乎已不可擋，在家裡就能與全世界接軌，資訊無遠弗屆，眞的很方便。但珠寶畢竟價格不便宜，不管是保值，虛榮心也好，慰勞自己也好，它不像買衣服、巧克力或餅乾，買來不好吃或覺得不好，下次就不要再買了；加上珠寶這個行業，還是要維繫在人跟人的信賴之上。所以若想要在網路上買珠寶，一定要更加小心謹愼。

觀察大陸，網路購物十分火紅，我歸納大陸微商成功有以下幾個原因：

第一，整個社會狀況變好，大家有錢了。

第二，有錢後，想要擁有好的產品。

第三，資訊網絡發達。

第四，電信業發達。

第五，有好的中間系統，也就是第三方支付。

第六，有好的物流公司，例如順豐速運。

最後，還有很重要的，人民素質提高了。

買了東西想退貨，還要原裝包好寄回去，以前的大陸人不會這樣子做。現在大陸人素質提高，也認同既然不喜歡，就包好寄回去給賣家，不要讓東西有所損壞，這是社會進步的一個象徵。當然整體而言，人民素質的提升還有很大的進步空間，但是使用微商的人普遍都已具備這樣的思維，且這樣的人數還會持續成長。

十年、八年前，還很少有網路購物，爲什麼會一次爆發出來，癥結點在哪呢？有幾個因素，第一，店面太貴，一個店面動輒幾十萬人民幣起跳，逼大家轉向無店面經營；第二，以量取勝，就像台灣人會揪團買東西；第三，網路很方便，在家就能賣／買東西，還可跨越國界，人根本不用到處跑。

我曾經在大陸做過一個測試。那時候我在廣東四會，上網買了台灣「微熱山丘」的鳳梨酥，今天下午六點訂貨，隔天差不多同樣時間就寄到了。爲什麼這麼快，難道他們在大陸有一個發貨中心嗎？這個時效性眞的很令我驚訝與佩服！因爲中國人口多，網購就算是一窩蜂現象，也可以儘量把戰線拉得很長；反觀台灣的一窩蜂多半像是蛋塔熱潮，大都撐不到三個月或半年，熱潮就衰退了。

當然，也因爲有中國政府在背後支持，像阿里巴巴這種公司才能如此壯大，變成全球化的企業，可以爲全世界所有人服務。像是他們在雙11（1111）光棍節當天，三分零一秒就賣出了一百億人民幣的商品，你能說什麼呢？

淘寶網以價格取勝，秀出來的鑽石也都漂漂亮亮的，但是一些「眉角」、一些數字比例，一般人可能看不懂。但其實一般人也不需要懂，因爲買的人可能純粹只是想犒賞自己，或是太太吵著要買一顆，先生就上網花一萬元買，老婆就不會再吵。目的達到了，如此而已，各取所需。

當然網路上的珠寶還是有被詬病的地方，比如說仿冒品、山寨品，不過這部分需要時間與魄力去解決，譬如要有一個消費者跟業者都能夠接受的鑑定中心。不過像翡翠是沒有山寨品的，證書上寫A貨就是A貨，B貨就是B貨。

・・・

台灣珠寶網購不容易做起來，是因爲人口太密集了。我想買一塊翡翠，樓下一條街可能就有五、六家銀樓，我只要直接進店裡去問去看，多比較，如果負擔得起，就可以直接在店裡購買。但如果你是在山東、四川的鄉下小城鎮，想買一塊翡翠，要到哪裡去看呢？上網當然比較快，看了喜歡就直接買了。所以，每天晚上的七點半到九點，是大陸電商的黃金購買時段。

有一次我去大陸時，大陸的電商請我上網路直播，接受訪問，他們介紹我是台灣有名的珠寶鑑定老師，但直播內容並不是在賣東西，而是專門講解有關翡翠玉石珠寶的知識，這點在台灣實在很難想像。一開始，等待看直播的就有一萬多人，過了四十分鐘，我講完了，上線人數是十三萬五千人。我心想，我如果連續講個一、兩個星期，豈不是大家都認識我了？吳淡如小姐去上直播就更誇張了，有一百零二萬人在觀看，這數字真的很嚇人。

我一年大概去廣州八次，主要是去四會幫學生上課。我的學生在那邊賣翡翠，做得很好，他的員工業績最好的，一個月可以領到六萬多人民幣。他們是做翡翠的線上交易，然後跟公司對拆。很多台灣學生都期待我帶他們去考察這家公司。

網路購物發達，也讓台灣投資大陸的很多百貨業都收掉了，未來科技還會造成何種消費習慣上的改變，或許現在還有點難預料。但是無論如何，人還是要消費的，窮則變，變則通，「你如果不能抵抗它，你就要了解它，融入它。」就這麼簡單，這是逢甲大學董事長高承恕教授常常告訴我們的話。

比如說無人機可能是一個趨勢，你現在可能會覺得很可笑，說不定幾年後，你真的可以在家門口等待無人機空投下所購買的東西，然後 QR Code 掃一下就搞定。

珠寶業的大環境不可能永遠一成不變，有些人也會慢慢不想在傳統珠寶店消費，覺得在網路上看比較快、比較簡單。但是要在網路買珠寶，有幾點要注意。

首先，要有好的證書做後盾，不怕買貴，就怕買錯。再來，謹慎衡量自己想買什麼，評估好預算，不能見獵心喜，亂買一通；另外，要注意網路評語。這些都是簡單的評估方法，能替我們一時衝動的購物狂熱心態，做最基本的把關工作。

3. 從沒自信到侃侃而談

我在職訓中心上課時，看到有些年輕人讀的是名不見經傳的大學時，我都鼓勵他們不要失志，在技職教育體系也有嶄露頭角的一天，因為社會繁榮不是只靠會讀書的人就可以成就出來。

行萬里路，讀萬卷書，行行出狀元，雖然是老生常談，卻也是至理名言。你的小孩看似愛玩，放蕩不羈，但可能會是某個領域、某個行業的明日之星也說不一定呢。

・・・

從一個沒有自信心的小孩，藉由第一線販售珠寶，練就好口才、好經歷，這是我人生一個很大的註腳。

我小時候就讀台中師專附小，同學家裡面幾乎非富即貴，不是爸爸當議員的，就是準備要選議員的，或家裡做生意。而我人長得不高，也不是很帥，常常覺得比不過人家，沒有太大的自信心。

我永遠記得，那個時候流行到老師家吃午餐，只要繳一筆錢給老師，中午就可以去師母那邊吃飯，中間有空檔，老師還會順便複習一下考題。公教人員的家庭背景讓我從小知道賺錢不易，怎麼好意思回去跟爸媽說中午還有繳錢參加複習課這一回事，所以每次考試成績一出來，我當然都輸人家。我那時候大概三年級。

有一次月考，老師宣布成績時竟然當眾說，你們沒有想到吧，中等生也可以考一百分，原來講的就是我。

我國語考一百分，問題是，考九十九分的至少有七、八個，所以其實也沒有特別了不起，因爲才差一分而已，但是全班就只有我一個一百分，而我數學考七十幾分，別的同學都八、九十分，加總起來，整體分數當然也不會太高，但那次卻是我這一輩子有史以來成績考最好的一次，全班第七名。然而，被老師公開講成是中等生，實在永生難忘。

我在衛道也讀得很辛苦，雖然爸爸在學校當老師，可是我沒什麼自信，不知道該怎麼認真讀書考試。但衛道畢竟有很強的升學競爭力，壓力很大，因此有些學科還是學得很扎實，英語、物理、化學、文科也打下一定的基礎，後來出了社會還是用得上，但是我數學很差，幾乎等於放棄了。

小學時，有一個同學家裡開鐵工廠，每次考試都是前兩名，我都懷疑他是不是每天都去老師家吃午餐？後來我讀五專，再插班考大學，知道他的學歷是逢甲大學，這才覺得，原來我們也沒有差很多啊。還有一個朋友，家住白雪舞廳隔壁，開木材工廠，我小時候常去他家玩，後來聽說他念文化體育系，跟小時候的志向真的天差地別。

還有個小學同學，我那時覺得他跟我程度差不多，後來我們一樣讀衛道，他後來考上台中一中。我心想，他大概是考運很好，吊車尾上的吧，結果他大學聯考竟然考上第一志願台大電機系，眞的很厲害。有的人天生就是讀書的料，我還有同學一路當到工研院研究員，但我從小在讀書這方面，永遠不會是顯眼的那一群人。

我小時候當然也有頑皮的一面。有一次住市區的表姐來我們家玩，那時候我們住中興大學旁邊，我就帶她去大學的魚池釣魚，但釣一次好像要繳七或五塊錢，魚池外面有很多水溝，爛泥巴裡面也有很多吳郭魚，是從魚池游出來的，我們就拿魚鉤在那邊釣。有時候，管理員會跑過來制止，我們乾脆把魚竿收起來，直接跳下水溝去抓魚。

爛泥巴很髒，我腳踩下去再舉起來時，腳踝不知道被什麼東西割了一個大洞，血流不止，我表姐嚇一跳，用衛生紙包一包、綁一綁，我就一跳一跳地跳回家。從中興大學的中興湖到我們家，要跳滿久的。回到家，我媽趕緊載我到一間外科診所縫了三、四針。

後來我發現腳受傷也有好處，在學校不用參加升降旗。小孩子很天眞，感覺自己好像擁有了特權，因爲以前不參加升降旗的只有兩種人，一種是病號，一種是公務。公務在身的一定是功課特別好的同學，要做壁報、教材之類的；生病的人則應該要乖乖坐在椅子上休息吃藥。我都沒有，照樣到外面一跳一跳的，也跟人家玩躲避球。老師就問我說，你不是腳在痛嗎，還能玩球？

我讀天主教惠中幼稚班的時候，修女老師曾經說過，全班最壞的小朋友就是黎龍興，我也不覺得怎麼樣。我兒子讀小學一、二年級時，也被老師說是全班最壞的學生，我太太就笑說，果然是有其父必有其子。

少年時的沒自信與不得志，在人生旅程中未必不是一種幸運，小時候什麼事情都完美，也未必是好事。

⋯

我在職訓中心上課時，看到有些年輕人讀的是名不見經傳的大學時，我都鼓勵他們不要失志，在技職教育體系也有嶄露頭角的一天。國家並不是只爲那些會讀書的人而存在，社會繁榮也不只是靠會讀書的人就可以成就出來，人人都有功勞。

每個人都有每個人的舞台，但是你一定要相信自己，要相信社會終究是公平的，不要怨天尤人，一定要敬業，要對自己負責。最好是你有一技在身（數技當然更好），有專業知識，而且能夠充分具體地應用在工作上。

像我讀地質系，學到礦床學、礦物學、古生物學、地形學、地質考察、實習等，是很扎實的知識養成，讓我從事珠寶業時能夠侃侃而談，只要有需要，我就可以講出一套學問與邏輯。就像上台做報告，有的人只是照PowerPoint上的文字念而已，但要能夠侃侃而談，代表你要講的內容眞的已經融入你的腦海中，這是很不容易的。台上十分鐘，台下十年功啊。

有些客人隨便讀了兩、三本寶石相關的書，就想挑戰你，你的專業知識如果不夠用，很容易被看破手腳。不過說實話，這種「不博裝博」（台語發音）的客人有些除了喜歡知識交鋒的樂趣，發現你是眞的有料後，還是會跟你買寶石，不是光來亂的。

九二一大地震之後，有一次我跟客人聊到地震的成因，有板塊運動、火山爆發，還有地球的動物移動。客人就問那是什麼，我就說恐龍啊。如果有超大型的恐龍一大群一起走路，大地也會震動，這也算是地震成因之一。他很驚訝，問我怎麼懂那麼多？我就說我是地質系的畢業生，他聽了就說甘拜下風，不想再來踢館了。

・・・

爲了傳承，我鼓勵我的兒子也去讀地質系，他今年大四，年輕人對大陸的網拍很有興趣，我一直幫他踩煞車，叫他把書先讀完再說。因爲你方向對了，才能長遠走下去，方向如果錯誤，就算跑得很快，也可能直接掉下懸崖。

我跟兒子說，希望他首先學好語言，然後要有國際觀。像我會帶學員去泰國實習，泰國的語言文化跟我們大不同。十幾年來，我一年要去十幾趟。我算是稍微有一點語言天分，沒正式學過泰文，但還是可以跟當地人聊幾句，雖然講得不是很流利，要還價時還是可以還得很好，吃飯點菜也都沒問題。

我從小聽我舅媽講日文，雖然我從來沒學過日文，但去日本我一樣跟人家講日文，當然沒辦法侃侃而談，但至少派得上用場。

不光是我兒子，來跟我學寶石的人，我總是希望他們能夠有不同的思維，最好也要懂外語，因爲你要跟印度人、猶太人買貨，難道你指望他們配合你講中文嗎？他們會的就是那兩句「沒問題」、「好便宜」，你不講英文，怎麼有辦法溝通？

俗語說，機會是留給準備好的人。我年輕時常跑泰國，後來泰國變富有了，東西也跟著變貴，還好我認識斯里蘭卡的朋友，可以去那裡進貨；我自己也有在經營一個小小的當鋪，又跟澳門同業有接觸，跟日本的二手珠寶業者有往來。總之，生意的觸角要適度地伸得更深更廣一點，因爲你不知道前方會有什麼樣的挑戰突然冒出來。

你要築巢引鳳，先把巢築好，鳳凰來的時候才抓得住。俗話說，站在風頭，連豬都能飛，但風停了怎麼辦？平時就要學好功夫，當一隻鳥，不管順風逆風，都能展翅翱翔。

4. 教學相長其樂無窮

因為擁有珠寶鑑定、珠寶經營管理方面的知識，同學上班後也不用特別教，上手都很快，很多人現在都升到店長了，成為企業的骨幹，我們當老師的也很欣慰。

珠寶業在外人眼中，是一個比較神秘的行業。我常常跟同學講，就算景氣再差，如果專業知識技能夠，你還是可以撐得住。我的教學方向，就是上中下游都要教。所謂上游，就是產地，行情多少，中游就是管理、批發，下游就是面對消費者或店家。

我上課談到珠寶創業的理念，不外乎兩件事而已：第一，開源節流；第二，呼應我讀逢甲大學EMBA所學到的SCOPAB講座，其中有六大元素：Strategy

& Positioning（策略與定位）、Cost & Finance（成本與財務）、Organization（組織）、Process（過程）、Arts（藝術）、Branding（品牌）。做任何事業，把這幾個部分都架構完整，再配合一些管理學上簡單有用的理論，如SWOT分析（強弱危機分析）、五力分析，這樣就夠了。

當你能夠把所有的知識條理化，分門別類，才能有思考能力，才能產生研究動機；有了研究動機，才會有研究成果；有了研究成果，你自然有機會享受事業上的成功果實。

我在創業班除了教這些，還會教實務面的具體作法跟觀念。比如說，你買貨時，要會抓自己的利潤、評估東西好不好賣、買的貨到底划不划算？你要會算裡面的K金多重、工資多少錢、主石多少錢、配鑽多少錢，然後加總，如果我們做出來要五萬元，而對方只賣我三萬五千元，當然就划算。但是他爲什麼能賣那麼便宜呢？可能是回收的，可能賣很久賣不掉乾脆賤賣，也可能以前做工的成本比較低，或是大量購買壓低成本……，總之，有很多因素在左右。

再來，你的店裡還有沒有類似的貨？假如這個東西你覺得很划算，可是你店裡還有二、三十個，就代表你不會賣這個東西，那你爲什麼還要買呢？買了不就又繼續屯積嗎？如果你賭的是將來性，如你預估黃金未來會爆漲，預計無燒（寶石沒有經過加熱的優化處理）的紅寶石會暴漲，那麼現在就可以慢慢採購。不過會不會成功，只能等待時間來證明了。

・・・

二十年前，我第一次在台中國際珠寶鑑定學院教課，只有十三個同學，所有同學年紀都比我大。那時候學生分三種，第一種是銀樓老闆，想來學彩色寶石；第二種是想學第二專長，第三種人最特別，他們是跟團去國外旅行，被能言善道的導遊騙了，買到假寶石，導遊承諾可以退貨，換眞的給他們，結果換回來的居然還是假貨，他們火大了，就自己來學，免得再被騙。

談到台中國際珠寶鑑定學院，我很感激院長崔維禮老師與師母這些年來一路對我呵護有加，他也是台灣省寶石協會的創會會長。老師常常找我天南地北的聊天，但是我們的話題總會歸結到珠寶行政的問題之上。我在擔任台灣省寶石協會第六、七屆理事長任內，才深深體會出要成爲一群同好者的領導者，要學會傾聽大家的意見，卸任後我也樂意再擔任後來三屆理事長的總幹事，與寶石協會會員向心力十足及領導傳承風格有很大的關係。至今，我在國際學院仍然執教我最喜歡的寶石學與珠寶事業經營管理課程。

這麼多年教學下來，現在有很多學生都是以前學生的兒女，有時一班有十八個學生，詢問之下，個個年紀都比我小一輪以上，開始有了已經換一個世代的感覺。這一兩年最特別的是，看電視鑑價節目覺得還不過癮，認爲這個行業很特別，因此想要來上課的人也不少。這一批人同時也是消費者，會直接把寶石拿到課堂上，順便要老師「免費」幫他鑑定。

其中我有一個學生是中區職訓中心的股長，他問我要不要到職訓中心開課，我答應了，就一路教下來，到現在連續教了十六年，主要是金屬工藝設計與製作班的珠寶設計與行銷、珠寶鑑定與珠寶事業經營管理等課程。

有一次，我跟著恩師文化大學地質系副教授吳照明老師到泰國主要的寶石集散地尖竹汶，那是全世界產紅、藍寶石最源頭的集散地，很多寶石都在那邊琢磨，是非常重要的交易中心。那時候我就有一個想法，如果在珠寶鑑定、珠寶買賣的課程之外，再加上產地實習的話，不僅能給想來學珠寶的人更完整的專業知識，說不定也會吸引更多人來學珠寶呢。

・・・

職訓中心一個重要的目標，是以培育失業人口的第二專業技能爲主。在職訓中心授課多年，我看多了學生來來去去，這些失業人口中，有一些人很認眞，想要重新出發；也有些人可能是個性問題，才會在職訓中心進進出出。像有一個中年女生學完金工班，還跑去學汽修班、木工班、烘焙班，她完全不想求職，只是周而復始的上不同的課，躲在職訓中心當好玩。這種「十項全能」，實在不是好事。

但老實說，就我的觀察，學習還是有黃金期的。我職訓中心的學生裡有四十八歲才想來學的。我心想，可能等到你學會了，差不多就要退休了。其實，四十八歲才來學，如果之前沒有基底，沒有基本工夫，眞的要花比較多心力和時間，因爲早就過了學習的黃金期。但是當老師的人還是秉持著有教無類的宗旨，盡力將所知教給學生，但能有多少收獲，也只能看學生自己的悟性與努力了！

職訓中心學生的類別，也很有意思。

第一類，珠寶銀樓第二代，來職訓中心學習免費的珠寶知識與金工技巧。

第二類，是中年失業，來尋求年輕時的夢想，可能他很喜歡珠寶，手很巧，想要再創業。

第三類，是隨波逐流，把自己當過客，來這裡沉澱一下。

第四類，是軍人，結訓當天就是他退伍的那一天。他們一般大約是退伍前半年，政府會安排他們來接受職業訓練，希望日後能在社會上立足。

第五類，是對珠寶有興趣的年輕人，家裡沒有錢，就來職訓中心上課，其中有些人真的是衝著我而來的，希望學好功夫，未來能夠在珠寶業立足。

近幾年，學生的來源有了變化。以前年紀都偏大，而且大多只是高職、專科畢業，現在的學生都很年輕，每班都還有兩、三個研究所畢業的，程度還不錯，很多都學過設計，可能在學校的教育訓練不夠扎實，畢業後來尋找更多資源，因爲職訓中心的設備是全國最好的。

職訓中心也會收沒就業過的學生，這樣的學生其實有個任務，就是參加技能競賽。全國技能競賽規定年齡要在二十二歲以下，如果得到哪個職種的金牌，就可以代表國家，參加世界性的技能競賽，得獎的話可以保送大學、研究所。我們若覺得年輕學生中有些人不錯，就會把他留下來當選手。我們金工班曾經有個大明中學的女生得到全國技能競賽第二名，他們家還辦桌請我們老師吃飯。她後來保送上大學，成爲很有名的金工設計老師。

台灣現在也有金工證照制度，如果考過乙級技術士執照（金銀珠寶飾品加工檢定的最高等級），再修幾個學分，就可以在大學當專技講師，這個行業是漸漸抬頭了。不可否認，有電視鑑價節目的推波助瀾，加上許多專業鑑定師上電視講解專業知識，把這個原本感覺有點神秘的潘朵拉盒子慢慢打開了。現在很多人願意讓小孩子來學相關課程，包括珠寶鑑定、珠寶買賣批發、銀飾金屬工藝製造與設計，職訓中心開的班都爆滿。

我也常幫職訓中心的學生介紹工作。有一個當鋪連鎖集團的執行長跟我講，這些同學的素質都很不錯，有些人已經有乙級金工證照，可以品管典當物品的K金工藝，加上上課時學過珠寶倫理，什麼事情可以做，什麼事情不能做，同學心中都有一把尺；因爲擁有珠寶鑑定、珠寶經營管理方面的知識，同學上班後也不用特別教，上手都很快，很多人現在都升到店長了，成爲企業的骨幹，我們當老師的也很欣慰。

雖然職訓中心的鐘點費不高，一個小時從六百元一路降到四百元，但我眞的教得樂此不疲，一方面能夠回饋與分享，另一方面也教學相長。

5. 學無止境，路更長遠

為什麼還來讀第二個碩士呢？很單純的想法是，我喜歡歷史，也喜歡文物研究。我希望自己能從愛好者的水平再往上提升一些。知識愈多，眼界愈高，就會有更高層次的思維。

我希望能透過上課，跟更多人分享珠寶專業，主要是因為我在文化大學當寶石研習社社長的時候，看到許多社團的指導老師非常熱心，我深受這種精神的感召。除了第一部提到的來來珠寶鑑定公司邱維讓老師外，還是要再次提到吳照明老師。吳老師現在還在文化大學教礦物學、寶石學，也是我兒子的老師。吳老師那時很年輕，剛創業，年紀大概長我不到十歲，是我現在能在寶石學界立足眞正的指導教授。我常常在台北看到吳老師，他的身體一直非常健康有活力，非常替老師感到高興。

老師一路走來，始終如一，若對寶石有興趣，他不管你是讀什麼科系，總是給予鼓勵，希望能夠潛移默化，因爲他認爲這就是台灣未來寶石界的希望，這種不吝分享的精神，令我佩服而心生效法。

有一次，我應邀參加逢甲EMBA的生活美學CEO論壇，講一堂三小時的課，題目是我在EMBA獲得的知識如何應用在神秘的珠寶事業經營管理上。爲了讓課程生動，我最後特別安排學姐戴著十五件珠寶「走秀」。上課時，我把所有的珠寶帶去，不是去炫耀「展寶」，而是去分享，學姐就這樣身上戴著三千萬的珠寶，在學校殿堂裡趴趴走。

我在逢甲EMBA讀的是文化創意產業管理組，有人說我們是在吃喝玩樂中度過兩年時光，眞的是誤解。當然，經營管理學院的學生通常已在社會歷練多年，才重回課堂尋求知識，雖然很多觀念知識大家並不陌生，且可能已經運作多年，但是回到學校是重新把這些觀念知識學理化。當把這些概念公式化、文字化後，要往下傳承才會有所依據。

在這裡靜下心來學習，聽到很多內容精彩的演講，學到很多同學的經營理念，更重要的是，師長們專業知識上的提點，只要能學到一兩招，就足夠讓後半生的事業經營受用無窮了。我的指導教授是現任逢甲大學商學院院長黃焜煌教授，受業的兩年中，教授亦師亦友地指導我們這群「中古」研究生，說起來還滿費力的，但是我們畢業論文的品質貞的不會比那些年輕小夥子差。

・・・

我一直不斷思考跟珠寶經營管理相關的事物，讀完EMBA之後，我現在又就讀於逢甲大學歷史與文物研究所，

為什麼還來讀第二個碩士呢？很單純的想法是，我喜歡歷史，也喜歡文物研究。很多人因為我上了電視節目而來請教一些問題，我希望自己能夠再多多充實知識，講出更有深度的內容，不要人云亦云，亂扯一通。講珠寶我絕對是專家，但是

講到文物、歷史，我只是愛好者，絕對不能跟專家相比。但是我希望自己至少能從愛好者的水平再往上提升一些，多懂一些。知識愈多，眼界愈高，就會有更高層次的思維。

我的碩士論文打算探討翡翠玉石的收藏與未來前景。到底在未來三十、五十年之間，翡翠玉石在華人世界還有沒有機會？我想研究的主要有兩點：

首先，市面上有很多礦物、寶石都加上個玉字，它們到底是不是玉？如果不是，又算是什麼？很多時候大家都講得模稜兩可，我想列一個清清楚楚的表，分門別類敘述出來，成爲大家的工具書。

其次，我預計要做一百份問卷調查，台灣、大陸各五十份，五十份裡業者與消費者各半，以達到客觀公平的評分。這樣就可以看出，對於有至少三、四千年玉文化的華人世界來說，翡翠玉石的趨勢究竟樂觀？還是悲觀？這可以成爲大家購買收藏翡翠玉石的參考。

逢甲歷文所有一門課叫「中國的金銀器」，裡面談到黃金，黃金跟地質有關係，所以上課的時候，老師有時還會說，黎大哥你上來講一下。這個是我的專業，我懂，我就敢講，也非常感謝我的指導教授李建緯博士，常常給我機會，能夠讓我與同學分享知識。

・・・

多聽專家們的分享，每個專家的專業加起來，就堆積出浩瀚的學海了。像我去上中廣學苑的古董玉器的課，吳淡如小姐請我當引言人，其中有一位北京大學考古學博士蔡慶良老師，他在故宮擔任研究員，就給了我不小啟發，讓我更了解如何從古物裡的文字中，找出它的典故，風格分析、時代背景等。蔡博士講的內容，有些我在歷文所的藝術史學課程中都聽過，也讀過書，寫過報告，可是就是講不出來。

像是宋真宗的禪地玉冊，是國寶中的國寶，我幾年前在《傳記文學》裡就讀過這個故事。中原大戰的時候，軍閥馬鴻逵將軍在布防，部隊挖到宋真宗跟唐玄宗的禪地玉冊，那是皇帝祭天用的禮器。那時我看了文章，一直很納悶，皇家的字怎麼寫得那麼醜，聽完蔡博士的講解後，我才恍然大悟，原來重點是「謙卑」兩個字。刻意寫醜一點，是因爲對上天，也就是天子跟天父聊天的時候，要把自己壓低、貶抑。

另外一位中廣學苑的葉教授教鑑定古物。有時我們看到一些古物，就覺得這是宋朝寫的字，很漂亮。他就說，他看一眼就知道是眞是假，因爲那個字過分精緻、標準，應該是用電腦刻字刻出來的，然後再上色。宋朝應該還沒有電腦排版刻字吧。一語道破，這個就是眞正的專家，足以讓我們見賢思齊。

我在歷文所選修了博物館學，博物館身兼教育、研究、蒐藏、展示管理、社會娛樂等功能，大師級的王嵩山教授的一席話，讓我受益匪淺。王教授說，university，大學，這是什麼意思呢？universal是宇宙的之意，university，就是在一個講壇上探討宇宙運行的所有相關學問，這才叫做大學。大學不應該只是訓練工藝家、專業工人，畢業就要跟職業接軌，大學應該要訓練如何做學問，培養思想家。

跟博物館裡典藏的東西相比，人永遠都是過客，你有幸可以讀到兩千多年前的

《詩經》，有幸可以欣賞千萬年前的自然瑰寶，這些東西都是歷史悠遠。同樣的，假如在珠寶領域，我能夠用自己的體會跟知識去幫助一些人，這些人可能我們並不認識，但他會因爲你分享的一句話、一個思維，相信知識就是力量，因此在買珠寶的時候懂得多做一些功課，多翻一兩本書，減少無謂的損失，也算是功德一件。

6. 珠寶大國不是夢

在普世價值來講，珠寶業是一個高尚的行業，高尚的行業不可以有不高尚的思想，這個行業若想要持續發展、永續經營，珠寶行政、珠寶倫理思維的傳承，不可或缺。

我做過非常多跟珠寶相關的工作。

我開珠寶店、當鋪，做珠寶批發，還做鑑定、寶石琢磨、賣珠寶盒子、做珠寶櫥窗擺飾；我從事珠寶教學，在台中國際珠寶學院教了二十年彩色寶石鑑定，在職訓中心教了十六年；我也在泰國跟人合夥買原石來燒，做紅、藍寶石的加熱處理，在大陸跟人合作買原石來切割，在購物台賣了三年珠寶，上電視節目做珠寶鑑定與鑑價。除了珠寶設計或K金工廠製造等少數領域我沒有涉獵外，跟珠寶有關係的行業，我幾乎都做遍了。

一般做珠寶的人比較圓滑，比較不會得罪人，但其實每個人天生脾氣各不同，各有格調與個性。雖然這個社會難免有階級、地位、財富等各種各樣的差別，但是我一向的看法是，做人處事，就是要把腰放軟一點，路才會寬一點！

我有一次聽到我的學生在嫌別人家的鑽石，「這麼破的鑽石你也買？」講這種話，我覺得一點心胸、一點道理都沒有。這樣講難道客人就會退貨再回頭來跟你買嗎？當然不會！他只會回去跟賣方吵架，這麼一來，你又多樹立了一個敵人，何必呢？人生不可能沒有敵人，但你也不需要提著一桶油到處去點火，感覺好像是就算我得不到，我也要毀了你。適時給予別人掌聲，總有一天，一定會得到同樣的讚美回饋。

有的人天生就沒有好話，像鬥雞一樣，把別人的東西都批評得像垃圾，但你能保證你自己賣的全部都是好東西嗎？就連蒂芬尼也不能保證自家賣的東西都是最好的。以黃金項鍊來講，一般都是千足金（純度達百分之九十九點九），只是在接點開關的地方需要比較大的韌度，所以該處會用比較低成色的K金，這樣一來韌度較好，使用年限也會較高，但賣的時候並沒有區分開，而是一起秤的。如果你對這樣的產品硬要雞蛋裡挑骨頭，你就會說它成色不夠純。

問題是，難道你店裡的產品不是這樣嗎？如果這個也批評，那個也罵，不如不要賣了。留一條路給人家走，也是爲自己多留一條路。你見獵心喜去修理人家，哪一天你犯了錯，人家搞不好加倍奉還來整治你。如果亂箭齊飛到處批評，只會到處樹敵。有人講不卑不亢，但我覺得這樣還不夠，做人腰還要放軟一點比較妥當。

這一路走來，我對人生充滿感激，我對自己的要求就是行有餘力時能夠回饋社會，也希望我的客人、我的朋友能一起這麼做。我也長期捐款給一個文教基金會，盡一己之力，努力幫他們募款。

• • •

我從事珠寶行業三十六年，以這個行業來講，沒有人會認爲我不內行，我並不是在講大話。創造社會的價值，是我們很大的責任，珠寶這個產業，可以讓很多人賺錢養家活口，安身立命，優遊自在。

我在ＥＭＢＡ的碩士論文題目是關於是成功踏入珠寶行業的自我評估的研究。珠寶業門檻很高，要創業不容易，但是簡單講也不外乎就是前面提到的三本：本人、本錢、本行。然後，能夠尋找到很好的老師，向他學習，拿時間去換取空間，要注意，不是拿錢去換取知識，那會很累！

我兒子讀地質系，我當然希望他將來也能加入這一行，因爲在這個領域，專業是最好的包裝，像是吳照明老師、吳舜田老師、朱倖誼老師、湯惠民老師也都是讀地質系。對於從事珠寶業，讀地質系會有很大的幫助，現在也有不少人已經看到這一點。以前讀地質系，沒人想到要做珠寶，都是去做地質考察，到中油、台電上班，這幾年，珠寶知識逐漸變成顯學，珠寶學其實就是礦物學裡面的最後一章。

像我的大學同學朱倖誼老師，她畢業後去美國留學讀ＧＩＡ，在台灣很有名氣，做教學、鑑定、上節目，相當專業，也是讀地質系能夠學以致用的成功案例。

除了有證書當招牌，也要不斷充實自己，路才能走的更寬更遠。

如果不是讀地質系出身的，當然也沒關係，但是要好好評估自己的現實條件，如果你只有五十萬的本錢，那你把這個錢拿去讀ＧＩＡ就沒有什麼意思。追求知識不一定只能用錢來換，你身體力行，勤學勤問，還是可以獲得知識。坊間也有一些珠寶補習班可以學習，珠寶產地多跑幾次也可累積經驗。

在普世價值來講，珠寶業是一個高尚的行業，高尚的行業不可以有不高尚的思想，這個行業若想要持續發展、永續經營，珠寶行政、珠寶倫理思維的傳承，絕對不可或缺。

當然，政府也必須有合宜的政策來對應，不要老是覺得這個行業不太規矩，因爲它太神秘了。說眞的，珠寶這個行業對社會的付出，包括國家稅收、社會安定、做慈善，還是有很多很多貢獻的。

我覺得我們受到中國傳統固有的「玩物喪志」思維的過多束縛，這幾年來，珠寶科學化相當程度上算是成功了，既然珠寶永遠有人有需求，台灣也是世界名列前茅的經濟體，我們不要妄自菲薄，政府應該要好好利用這些軟實力。以色列也沒有產寶石，卻是世界上非常重要的寶石交易據點、珠寶批發國；香港沒有玉石礦產，一樣成爲重要的珠寶首飾生產中心。我們眞的可以好好借鏡。

社會、政府要對珠寶業投以關愛的眼神，將它導向正軌，比如說稅金，你課重稅等於零，你課得少還拿得到，那爲什麼要課重稅呢？

醫師、律師、會計師都要考照，連餐飲、水電都有執照，我們國家竟然沒有珠寶鑑定師的證照考試。既然已經有了金工證照，爲什麼不能做有公信力的國家珠寶鑑定師證照的考核？現在鑑定師的考照都是民間在辦，這不見得是好事。

當有那麼一天，台灣從事珠寶業的人都以擁有一張國家珠寶鑑定師的證照爲榮時，凡事都走向正軌，善用文化相似度的優勢，以廣大的華人市場爲基礎，我想事在人爲，台灣想要變成世界上舉足輕重的珠寶大國，並非一個遙不可及的美夢。

人生顧問 299

從後段班到珠寶達人的逆轉人生
鑑定專家黎龍興淬鍊36年的珠寶成功經營學

作　者—黎龍興
採訪整理—柯勝文
全書照片提供—黎龍興
主　編—李宜芬
封面暨內頁設計—葉馥儀設計工作室
責任企劃—張瑋之

發 行 人—趙政岷
出 版 者—時報文化出版企業股份有限公司
10803台北市和平西路三段二四〇號四樓
發行專線—（〇二）二三〇六—六八四二
讀者服務專線—〇八〇〇—二三一—七〇五
（〇二）二三〇四—七一〇三
讀者服務傳真—（〇二）二三〇四—六八五八
郵撥—一九三四四七二四時報文化出版公司
信箱—台北郵政七九～九九信箱
時報悅讀網—http://www.readingtimes.com.tw
法律顧問—理律法律事務所　陳長文律師、李念祖律師
印　刷—盈昌印刷有限公司
初版一刷—二〇一八年四月二十七日
初版二刷—二〇一八年六月四日
定　價—新台幣三〇〇元

時報文化出版公司成立於一九七五年，
並於一九九九年股票上櫃公開發行，於二〇〇八年脫離中時集團非屬旺中，
以「尊重智慧與創意的文化事業」為信念。

從後段班到珠寶達人的逆轉人生：鑑定專家黎龍興淬鍊36年的珠寶成功經營學／黎龍興著；柯勝文採訪整理. -- 初版. -- 臺北市：時報文化, 2018.04
面；　公分（人生顧問；299）
ISBN 978-957-13-7388-1(平裝)

1.珠寶鑑定 2.珠寶業 3.職場成功法

486.8　　107005210

ISBN 978-957-13-7388-1
Printed in Taiwan